中国河流泥沙公报

2023

中华人民共和国水利部　编著

www.waterpub.com.cn

·北京·

图书在版编目（CIP）数据

中国河流泥沙公报. 2023 / 中华人民共和国水利部
编著. -- 北京 : 中国水利水电出版社，2024.4
　ISBN 978-7-5226-2428-0

　Ⅰ．①中… Ⅱ．①中… Ⅲ．①河流泥沙－研究－中国
－2023 Ⅳ．①TV152

　中国国家版本馆CIP数据核字(2024)第079631号

审图号：GS京（2024）0770号

责任编辑：宋晓

书　　　名	中国河流泥沙公报 2023 ZHONGGUO HELIU NISHA GONGBAO 2023
作　　　者	中华人民共和国水利部 编著
出 版 发 行	中国水利水电出版社 （北京市海淀区玉渊潭南路 1 号 D 座　100038） 网址：www.waterpub.com.cn E-mail：sales@mwr.gov.cn 电话：（010）68545888（营销中心）
经　　　售	北京科水图书销售有限公司 电话：（010）68545874、63202643 全国各地新华书店和相关出版物销售网点
排　　　版	中国水利水电出版社装帧出版部
印　　　刷	河北鑫彩博图印刷有限公司
规　　　格	210mm×285mm　16 开本　5.5 印张　166 千字
版　　　次	2024 年 4 月第 1 版　2024 年 4 月第 1 次印刷
印　　　数	0001—1500 册
定　　　价	48.00 元

1.《中国河流泥沙公报》（以下简称《泥沙公报》）中各流域水沙状况系根据河流选择的水文控制站实测径流量和实测输沙量与多年平均值的比较进行描述。

2. 河流中运动的泥沙一般分为悬移质（悬浮于水中运动）与推移质（沿河底推移运动）两种。《泥沙公报》中的输沙量一般是指悬移质部分，不包括推移质。

3.《泥沙公报》中描述河流泥沙的主要物理量及其定义如下：

流　　量 —— 单位时间内通过某一过水断面的水量（立方米／秒）；

径 流 量 —— 一定时段内通过河流某一断面的水量（立方米）；

输 沙 量 —— 一定时段内通过河流某一断面的泥沙质量（吨）；

输沙模数 —— 时段总输沙量与相应集水面积的比值[吨／（年·平方公里）]；

含 沙 量 —— 单位体积浑水中所含干沙的质量（千克／立方米）；

中数粒径 —— 泥沙颗粒组成中的代表性粒径（毫米），小于等于该粒径的泥沙占总质量的 50%。

4. 河流泥沙测验按相关技术规范进行。一般采用断面取样法配合流量测验求算断面单位时间内悬移质的输沙量，并根据水、沙过程推算日、月、年等的输沙量。同时进行泥沙颗粒级配分析，求得泥沙粒径特征值。河床与水库的冲淤变化一般采用断面法测量与推算。

5. 本期《泥沙公报》中除高程专门说明者外，均采用 1985 国家高程基准。

6. 本期《泥沙公报》的多年平均值除另有说明外，一般是指 1950—2020 年实测值的平均数值，如实测起始年份晚于 1950 年，则取实测起始年份至 2020 年的平均值；近 10 年平均值是指 2014—2023 年实测值的平均数值；基本持平是指径流量和输沙量的变化幅度不超过 5%。

7. 本期《泥沙公报》发布的泥沙信息不包含香港特别行政区、澳门特别行政区和台湾省的河流泥沙信息。

8. 本期《泥沙公报》参加编写单位为长江水利委员会、黄河水利委员会、淮河水利委员会、海河水利委员会、珠江水利委员会、松辽水利委员会、太湖流域管理局的水文局，北京、天津、河北、内蒙古、山东、黑龙江、辽宁、吉林、新疆、甘肃、陕西、河南、湖北、安徽、湖南、浙江、江西、福建、云南、广西、广东、青海、贵州、海南等省（自治区、直辖市）水文（水资源）（勘测）（管理）局（中心、站、总站）。

《泥沙公报》编写组由水利部水文司、水利部水文水资源监测预报中心、国际泥沙研究培训中心与各流域管理机构水文局有关人员组成。

编 写 说 明

综　　述

　　本期《泥沙公报》的编报范围包括长江、黄河、淮河、海河、珠江、松花江、辽河、钱塘江、闽江、塔里木河、黑河和疏勒河 12 条河流及青海湖区。内容包括河流主要水文控制站的年径流量、年输沙量及其年内分布和洪水泥沙特征，重点河段冲淤变化，重要水库及湖泊冲淤变化和重要泥沙事件。

　　本期《泥沙公报》所编报的主要河流代表水文站（以下简称代表站）2023 年总径流量为 10660 亿立方米（表 1），较多年平均年径流量 14280 亿立方米偏小 25%，较近 10 年平均年径流量 14300 亿立方米偏小 25%，较上年度径流量 13320 亿立方米减小 20%；代表站年总输沙量为 2.04 亿吨，

表 1　2023 年主要河流代表水文站与实测水沙特征值

河　流	代表水文站	控制流域面积（万平方公里）	年径流量（亿立方米）			年输沙量（万吨）		
			多年平均	近 10 年平均	2023 年	多年平均	近 10 年平均	2023 年
长江	大通	170.54	8983	9051	6720	35100	10600	4450
黄河	潼关	68.22	335.3	302.4	270.3	92100	16100	9530
淮河	蚌埠＋临沂	13.16	282.0	271.2	216.8	997	384	190
海河	石匣里＋响水堡＋滦县＋下会＋张家坟＋阜平＋小觉＋观台＋元村集	14.43	73.68	46.92	62.55	3770	301	936
珠江	高要＋石角＋博罗＋潮安＋龙塘	45.11	3138	3057	2035	6980	2400	885
松花江	哈尔滨＋秦家＋牡丹江	42.18	480.2	536.8	564.0	692	590	997
辽河	新民＋唐马寨＋邢家窝棚＋铁岭	14.87	74.15	71.97	78.03	1490	264	480
钱塘江	兰溪＋上虞东山＋诸暨	2.43	218.3	237.6	136.1	275	298	62.8
闽江	竹岐＋永泰(清水壑)	5.85	576.0	580.5	457.0	576	219	75.3
塔里木河	焉耆＋阿拉尔	15.04	72.76	81.31	78.30	2050	1600	2200
黑河	莺落峡	1.00	16.67	19.90	13.48	193	97.2	89.0
疏勒河	昌马堡＋党城湾	2.53	14.02	18.79	15.71	421	552	383
青海湖区	布哈河口＋刚察	1.57	12.18	19.23	13.53	49.9	79.4	85.2
合计		396.93	14280	14300	10660	145000	33500	20400

较多年平均年输沙量 14.5 亿吨偏小 86%，较近 10 年平均年输沙量 3.35 亿吨偏小 39%，较上年度输沙量 3.90 亿吨减小 48%。

2023 年长江和珠江代表站的径流量分别占主要河流代表站年总径流量的 63% 和 19%；黄河、长江和塔里木河代表站的年输沙量分别占主要河流代表站年总输沙量的 47%、22% 和 11%；黄河、塔里木河、疏勒河和海河代表站的平均含沙量较大，分别为 3.53 千克 / 立方米、2.81 千克 / 立方米、2.43 千克 / 立方米和 1.50 千克 / 立方米，其他河流代表站的平均含沙量均小于 0.66 千克 / 立方米。

2023 年主要河流代表站实测水沙特征值与多年平均值比较，松花江、辽河、塔里木河、疏勒河和青海湖区代表站年径流量偏大 5%~17%，其他河流代表站偏小 15%~38%；松花江、塔里木河、青海湖区代表站年输沙量分别偏大 44%、7% 和 71%，其他河流代表站偏小 9%~90%。

受海河"23·7"流域性特大洪水的影响，官厅水库下游永定河干流的雁翅站年实测径流量为 6.590 亿立方米，年实测输沙量为 30.1 万吨，为 1975 年以来最大输沙量；永定河干流三家店站年实测径流量为 5.431 亿立方米，年实测输沙量为 261 万吨，为 1920 年以来第 4 位输沙量；大清河水系拒马河张坊站断面水毁严重，断面平均冲刷深度约为 3.2 米。

2023 年长江重庆主城区河段淤积量为 93.3 万立方米；2002 年 10 月至 2023 年 10 月，荆江河段平滩河槽累积冲刷量为 13.27 亿立方米。2023 年黄河内蒙古河段巴彦高勒断面淤积，其他断面冲刷；黄河下游河道冲刷量为 0.084 亿立方米，引水量和引沙量分别为 84.48 亿立方米和 1905 万吨。

2023 年长江三峡水库库区淤积量为 0.210 亿吨，水库排沙比为 8%；丹江口水库库区淤积量为 457 万吨，水库排沙比为 4%；洞庭湖湖区和鄱阳湖湖区冲刷量分别为 708 万吨和 450 万吨。2023 年黄河三门峡水库库区淤积量为 0.202 亿立方米，小浪底水库库区冲刷量为 0.265 亿立方米。

2023 年主要泥沙事件包括：长江河道采砂及疏浚砂综合利用；黄河上中游重点水库联合排沙运用；海河发生流域性特大洪水；永定河实现全年全线有水；松花江发生流域性洪水。

目录

封面：金沙江（珠江水利委员会水文局　何力劲　提供）

封底：梅山水库（安徽省梅山水库管理处　提供）

正文图片：参编单位提供

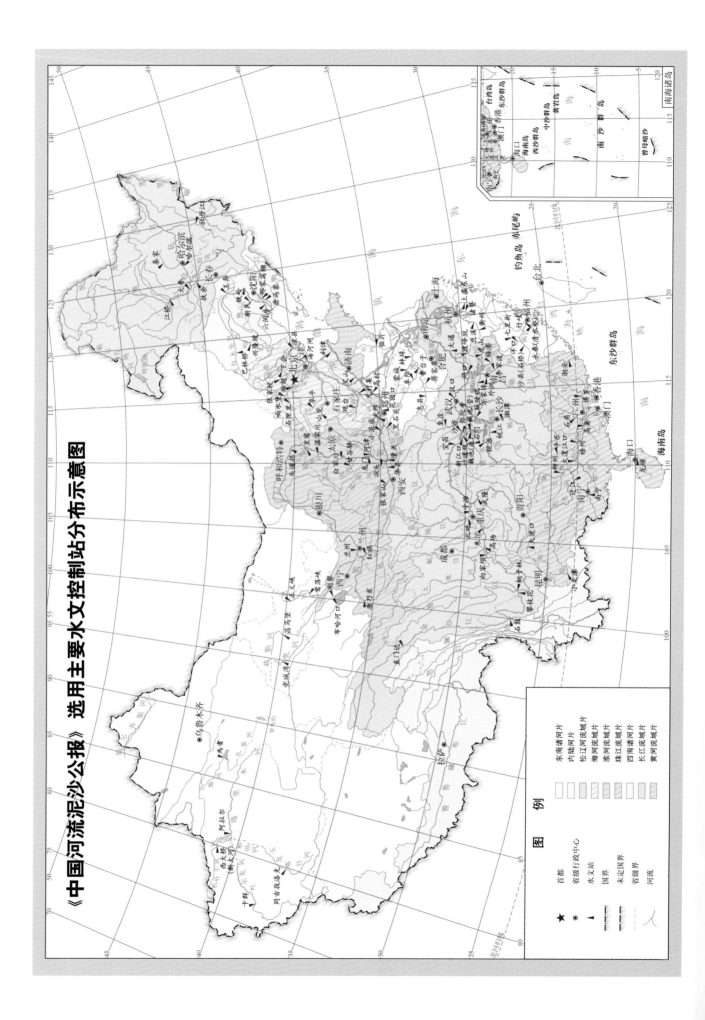

汉江上游河段（喻权刚 摄）

第一章 长江

一、概述

2023 年长江干流主要水文控制站实测径流量与多年平均值比较，直门达站和石鼓站分别偏大 69% 和 8%，攀枝花站基本持平，其他站偏小 15%～27%；与近 10 年平均值比较，直门达站偏大 29%，石鼓站和攀枝花站基本持平，其他站偏小 12%～26%；与上年度比较，直门达站增大 47%，石鼓、攀枝花、寸滩、宜昌和沙市各站基本持平，其他站减小 5%～14%。2023 年长江干流主要水文控制站实测输沙量与多年平均值比较，直门达站偏大 135%，其他站偏小 37%～100%；与近 10 年平均值比较，直门达站偏大 74%，其他站偏小 40%～85%；与上年度比较，直门达、石鼓、攀枝花、朱沱和寸滩各站增大 52%～201%，其他站减小 6%～33%。

2023 年长江主要支流水文控制站实测径流量与多年平均值比较，各站偏小 11%～38%；与近 10 年平均值比较，汉江皇庄站偏大 9%，其他站偏小 19%～37%；与上年度比较，雅砻江桐子林站和乌江武隆站均减小 15%，岷江高场站基本持平，嘉陵江北碚站和皇庄站分别增大 10% 和 31%。2023 年长江主要支流水文控制站实测输沙量与多年平均值比较，各站偏小 79%～94%；与近 10 年平均值比较，皇庄站偏大 28%，其他站偏小 57%～72%；与上年度比较，桐子林站减小 45%，其他站增大 38%～264%。

2023 年洞庭湖区主要水文控制站实测径流量与多年平均值比较，各站偏小 36%～100%；与近 10 年平均值比较，各站偏小 35%～100%；与上年度比较，澧水石门站基本持平，其他站减小 7%～100%。2023 年洞庭湖区主要水文控制站实测输沙量与多年平均值比较，各站偏小 77%～100%；与近 10 年平均值比较，各站偏小 43%～100%；与上年度比较，石门站和松滋河（西）新江口站分别增大 116% 和 72%，松滋河（东）沙道观站基本持平，其他站减小 35%～100%。

2023 年鄱阳湖区主要水文控制站实测径流量与多年平均值比较，各站偏小 7%～28%；与近 10 年平均值比较，各站偏小 8%～35%；与上年度比较，抚河李家渡站增大 7%，其他站减小 11%～28%。2023 年鄱阳湖区主要水文控制站实测输沙量与多年平均值比较，各站偏小 21%～84%；与近 10 年平均值比较，湖口站偏大 13%，李家渡站基本持平，其他站偏小 36%～78%；与上年度比较，李家渡站和湖口站分别增大 98% 和 57%，其他站减小 55%～85%。

2023 年度重庆主城区河段泥沙淤积量为 93.3 万立方米；2002 年 10 月至 2023 年 10 月，荆江河段平滩河槽累积冲刷量为 13.27 亿立方米。2023 年三峡水库库区泥沙淤积量为 0.210 亿吨，水库排沙比为 8%；丹江口水库库区泥沙淤积量为 457 万吨，水库排沙比为 4%。2023 年洞庭湖和鄱阳湖湖区泥沙冲刷量分别为 708 万吨和 450 万吨。

2023 年主要泥沙事件为长江河道采砂及疏浚砂综合利用。

二、径流量与输沙量

（一）2023 年实测水沙特征值

1. 长江干流

2023 年长江干流主要水文控制站实测水沙特征值与多年平均值、近 10 年平均值及 2022 年值的比较见表 1-1 和图 1-1。

2023 年实测径流量与多年平均值比较，直门达站和石鼓站分别偏大 69% 和 8%，攀枝花站基本持平，向家坝、朱沱、寸滩、宜昌、沙市、汉口和大通各站分别偏小 15%、19%、19%、19%、15%、27% 和 25%；与近 10 年平均值比较，直门达站偏大 29%，石鼓站和攀枝花站基本持平，向家坝、朱沱、寸滩、宜昌、沙市、汉口和大通各站分别偏小 12%、18%、18%、20%、17%、26% 和 26%；与上年度比较，直门达站增大 47%，石鼓、攀枝花、寸滩、宜昌和沙市各站基本持平，向家坝、朱沱、汉口和大通各站分别减小 5%、6%、14% 和 13%。

2023 年实测输沙量与多年平均值比较，直门达站偏大 135%，石鼓、攀枝花、向家坝、朱沱、寸滩、宜昌、沙市、汉口和大通各站分别偏小 37%、96%、100%、95%、94%、99%、98%、89% 和 87%；与近 10 年平均值比较，直门达站偏大 74%，石鼓、攀枝花、向家坝、朱沱、寸滩、宜昌、沙市、汉口和大通各站分别偏小 45%、40%、54%、67%、66%、85%、78%、47% 和 58%；与上年度比较，直门达、石鼓、攀枝花、朱沱和寸滩各站分别增大 201%、146%、125%、65% 和 52%，向家坝、宜昌、沙市、汉口和大通各站分别减小 25%、29%、16%、6% 和 33%。

表 1-1 长江干流主要水文控制站实测水沙特征值对比

水文控制站		直门达	石鼓	攀枝花	向家坝	朱沱	寸滩	宜昌	沙市	汉口	大通
控制流域面积（万平方公里）		13.77	21.42	25.92	45.88	69.47	86.66	100.55		148.80	170.54
年径流量（亿立方米）	多年平均	134.0 (1957—2020年)	426.8 (1952—2020年)	568.4 (1966—2020年)	1425 (1956—2020年)	2668 (1954—2020年)	3448 (1950—2020年)	4330 (1950—2020年)	3932 (1955—2020年)	7074 (1954—2020年)	8983 (1950—2020年)
	近10年平均	176.4	441.9	577.8	1377	2641	3391	4369	4031	7046	9051
	2022年	154.8	440.7	546.3	1276	2303	2851	3623	3411	6009	7712
	2023年	226.8	461.2	571.5	1208	2166	2779	3505	3330	5189	6720
年输沙量（亿吨）	多年平均	0.100 (1957—2020年)	0.268 (1958—2020年)	0.430 (1966—2020年)	2.06 (1956—2020年)	2.51 (1956—2020年)	3.53 (1953—2020年)	3.76 (1950—2020年)	3.26 (1956—2020年)	3.17 (1954—2020年)	3.51 (1951—2020年)
	近10年平均	0.135	0.307	0.030	0.013	0.375	0.656	0.133	0.235	0.641	1.06
	2022年	0.078	0.069	0.008	0.008	0.074	0.145	0.028	0.062	0.363	0.665
	2023年	0.235	0.170	0.018	0.006	0.122	0.221	0.020	0.052	0.340	0.445
年平均含沙量（千克/立方米）	多年平均	0.745 (1957—2020年)	0.631 (1958—2020年)	0.754 (1966—2020年)	1.44 (1956—2020年)	0.946 (1956—2020年)	1.03 (1953—2020年)	0.869 (1950—2020年)	0.831 (1956—2020年)	0.448 (1954—2020年)	0.392 (1951—2020年)
	2022年	0.503	0.157	0.014	0.006	0.032	0.051	0.008	0.018	0.060	0.086
	2023年	1.03	0.369	0.032	0.005	0.056	0.080	0.006	0.016	0.065	0.066
年平均中数粒径（毫米）	多年平均		0.016 (1987—2020年)	0.013 (1987—2020年)	0.013 (1987—2020年)	0.011 (1987—2020年)	0.010 (1987—2020年)	0.008 (1987—2020年)	0.019 (1987—2020年)	0.012 (1987—2020年)	0.011 (1987—2020年)
	2022年		0.012	0.008	0.018	0.012	0.013	0.012	0.035	0.012	0.021
	2023年		0.009	0.011	0.017	0.012	0.012	0.011	0.022	0.013	0.012
输沙模数［吨/(年·平方公里)］	多年平均	72.6 (1957—2020年)	125 (1958—2020年)	166 (1966—2020年)	449 (1956—2020年)	361 (1956—2020年)	407 (1950—2020年)	374 (1950—2020年)		213 (1954—2020年)	206 (1951—2020年)
	2022年	56.6	32.4	2.98	1.81	10.7	16.7	2.74		24.4	39.0
	2023年	171	79.4	7.10	1.42	17.6	25.5	1.94		22.8	26.1

2. 长江主要支流

2023 年长江主要支流水文控制站实测水沙特征值与多年平均值、近 10 年平均值及 2022 年值的比较见表 1-2 和图 1-2。

2023 年实测径流量与多年平均值比较，雅砻江桐子林、岷江高场、嘉陵江北碚、乌江武隆和汉江皇庄各站分别偏小 26%、21%、18%、38% 和 11%；与近 10 年平均值比较，桐子林、高场、北碚和武隆各站分别偏小 23%、20%、19% 和 37%，皇庄站偏大 9%；与上年度比较，桐子林站和武隆站均减小 15%，高场站基本持平，北碚站和皇庄站分别增大 10% 和 31%。

2023 年实测输沙量与多年平均值比较，桐子林、高场、北碚、武隆和皇庄各站分别偏小 79%、87%、90%、94% 和 88%；与近 10 年平均值比较，桐子林、高场、北碚和武隆各站分别偏小 63%、72%、67% 和 57%，皇庄站偏大 28%；与上年度比较，桐子林站减小 45%，高场、北碚、武隆和皇庄各站分别增大 38%、76%、71% 和 264%。

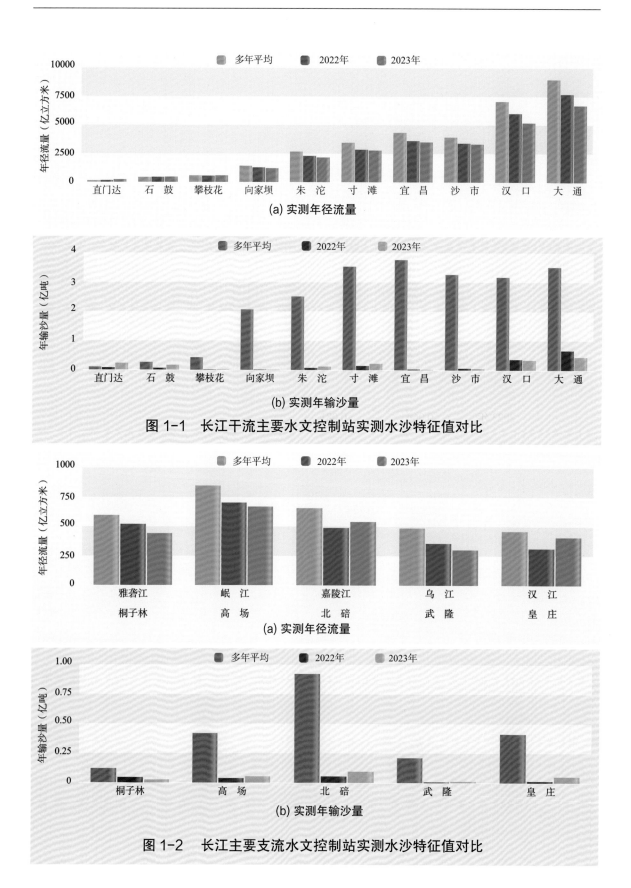

(a) 实测年径流量

(b) 实测年输沙量

图 1-1　长江干流主要水文控制站实测水沙特征值对比

(a) 实测年径流量

(b) 实测年输沙量

图 1-2　长江主要支流水文控制站实测水沙特征值对比

表 1-2　长江主要支流水文控制站实测水沙特征值对比

河　流	雅砻江	岷江	嘉陵江	乌江	汉江
水文控制站	桐子林	高场	北碚	武隆	皇庄
控制流域面积（万平方公里）	12.84	13.54	15.67	8.30	14.21
年径流量（亿立方米）　多年平均	595.2 (1999—2020年)	847.9 (1956—2020年)	657.4 (1956—2020年)	485.6 (1956—2020年)	458.2 (1950—2020年)
近10年平均	574.1	833.7	668.4	478.3	374.4
2022年	520.1	704.2	488.3	356.0	312.3
2023年	441.7	670.3	539.5	301.4	407.6
年输沙量（亿吨）　多年平均	0.122 (1999—2020年)	0.419 (1956—2020年)	0.922 (1956—2020年)	0.210 (1956—2020年)	0.412 (1951—2020年)
近10年平均	0.070	0.195	0.286	0.028	0.040
2022年	0.047	0.039	0.054	0.007	0.014
2023年	0.026	0.054	0.095	0.012	0.051
年平均含沙量（千克/立方米）　多年平均	0.206 (1999—2020年)	0.494 (1956—2020年)	1.40 (1956—2020年)	0.433 (1956—2020年)	0.899 (1951—2020年)
2022年	0.090	0.055	0.112	0.020	0.045
2023年	0.060	0.081	0.177	0.041	0.125
年平均中数粒径（毫米）　多年平均		0.016 (1987—2020年)	0.008 (2000—2020年)	0.008 (1987—2020年)	0.045 (1987—2020年)
2022年		0.009	0.010	0.012	0.016
2023年		0.010	0.009	0.013	0.015
输沙模数 [吨/(年·平方公里)]　多年平均	95.0 (1999—2020年)	310 (1956—2020年)	588 (1956—2020年)	253 (1956—2020年)	290 (1951—2020年)
2022年	36.5	28.6	34.8	8.73	10.0
2023年	20.5	40.3	60.7	14.8	35.7

3. 洞庭湖区

2023 年洞庭湖区主要水文控制站实测水沙特征值与多年平均值、近 10 年平均值及 2022 年值的比较见表 1-3 和图 1-3。

2023 年实测径流量与多年平均值比较，湘江湘潭、资水桃江、沅江桃源和澧水石门各站分别偏小 36%、59%、44% 和 37%；荆江河段松滋口、太平口和藕池口（以下简称"三口"）区域内，新江口、沙道观、弥陀寺、藕池（康）和藕池（管）各站分别偏小 47%、66%、94%、100% 和 91%；洞庭湖湖口城陵矶站偏小 50%。与近 10 年平均值比较，湘潭、桃江、桃源和石门各站分别偏小 37%、58%、48% 和 35%，荆江三口各站分别偏小 38%、43%、85%、100% 和 74%，城陵矶站偏小 46%。与上年度比较，湘潭、桃江和桃源各站分别减小 46%、59% 和 38%，石门站基本持平，荆江三口各站分别减小 7%、9%、54%、100% 和 52%，城陵矶站减小 39%。

表 1-3　洞庭湖区主要水文控制站实测水沙特征值对比

河流	湘江	资水	沅江	澧水	松滋河(西)	松滋河(东)	虎渡河	安乡河	藕池河	洞庭湖湖口
水文控制站	湘潭	桃江	桃源	石门	新江口	沙道观	弥陀寺	藕池(康)	藕池(管)	城陵矶
控制流域面积（万平方公里）	8.16	2.67	8.52	1.53						
年径流量（亿立方米）多年平均	660.7 (1950—2020年)	229.0 (1951—2020年)	648.0 (1951—2020年)	147.9 (1950—2020年)	292.4 (1955—2020年)	96.00 (1955—2020年)	143.1 (1953—2020年)	23.43 (1950—2020年)	289.4 (1950—2020年)	2842 (1951—2020年)
近10年平均	668.5	224.8	698.9	145.0	249.3	57.52	55.13	2.426	100.9	2586
2022年	780.1	230.1	590.7	92.47	166.1	36.08	18.63	0.5374	54.90	2289
2023年	424.0	93.81	365.3	93.81	155.2	32.75	8.491	0.0004	26.11	1407
年输沙量（万吨）多年平均	875 (1953—2020年)	177 (1953—2020年)	883 (1952—2020年)	474 (1953—2020年)	2510 (1955—2020年)	1000 (1955—2020年)	1360 (1954—2020年)	311 (1956—2020年)	3920 (1956—2020年)	3630 (1951—2020年)
近10年平均	385	68.5	138	91.4	210	55.2	41.0	2.79	128	1490
2022年	316	21.6	137	9.54	32.0	8.92	4.57	0.151	17.6	1300
2023年	44.7	3.69	0.373	20.6	55.1	8.89	1.78	0	5.66	849
年平均含沙量（千克/立方米）多年平均	0.133 (1953—2020年)	0.078 (1953—2020年)	0.136 (1952—2020年)	0.321 (1953—2020年)	0.858 (1955—2020年)	1.04 (1955—2020年)	0.983 (1954—2020年)	1.93 (1956—2020年)	1.59 (1956—2020年)	0.128 (1951—2020年)
2022年	0.040	0.009	0.023	0.010	0.019	0.025	0.024	0.028	0.032	0.057
2023年	0.011	0.004	0	0.022	0.036	0.027	0.019	0	0.022	0.060
年平均中数粒径（毫米）多年平均	0.027 (1987—2020年)	0.031 (1987—2020年)	0.012 (1987—2020年)	0.017 (1987—2020年)	0.009 (1990—2020年)	0.008 (1990—2020年)	0.008 (1990—2020年)	0.010 (1987—2020年)	0.011 (1987—2020年)	0.005 (1987—2020年)
2022年	0.025	0.011	0.007	0.010	0.021	0.016	0.019	0.015	0.011	0.009
2023年	0.006	0.011	0.037	0.011	0.024	0.017	0.018		0.016	0.010
输沙模数[吨/(年·平方公里)]多年平均	107 (1953—2020年)	66.3 (1953—2020年)	104 (1952—2020年)	310 (1953—2020年)						
2022年	38.7	8.08	16.1	6.23						
2023年	5.48	1.38	0.044	13.5						

2023 年实测输沙量与多年平均值比较，湘潭、桃江、桃源和石门各站分别偏小 95%、98%、100% 和 96%；荆江三口各站分别偏小 98%、99%、近 100%、100% 和近 100%；城陵矶站偏小 77%。与近 10 年平均值比较，湘潭、桃江、桃源和石门各站分别偏小 88%、95%、100% 和 77%；荆江三口各站分别偏小 74%、84%、96%、100% 和 96%；城陵矶站偏小 43%。与上年度比较，湘潭、桃江和桃源各站分别减小 86%、83% 和 100%，石门站增大 116%；荆江三口新江口站增大 72%，沙道观站基本持平，弥陀寺、藕池（康）和藕池（管）各站分别减小 61%、100% 和 68%，城陵矶站减小 35%。

2023 年 5 月 16 日 18 时至 10 月 21 日 5 时，弥陀寺站多次发生逆流，累计时长约 55 天，逆流总径流量为 0.7475 亿立方米，逆流总输沙量为 516 吨。

4. 鄱阳湖区

2023 年鄱阳湖区主要水文控制站实测水沙特征值与多年平均值、近 10 年平均值及 2022 年值的比较见表 1-4 和图 1-4。

2023 年实测径流量与多年平均值比较，赣江外洲、抚河李家渡、信江梅港、饶河虎山、饶河渡峰坑、修水万家埠和湖口水道湖口各站分别偏小 16%、7%、18%、

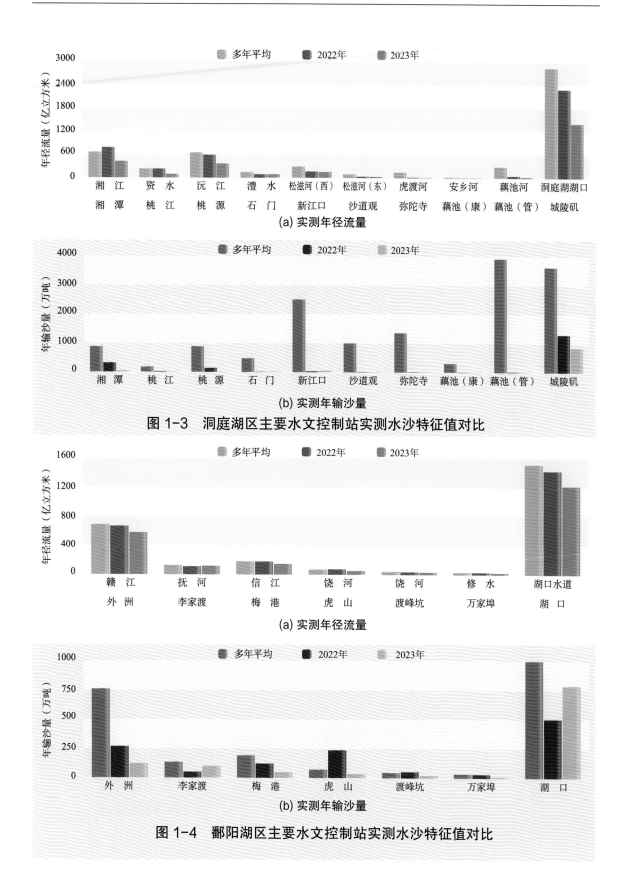

(a) 实测年径流量

(b) 实测年输沙量

图 1-3　洞庭湖区主要水文控制站实测水沙特征值对比

(a) 实测年径流量

(b) 实测年输沙量

图 1-4　鄱阳湖区主要水文控制站实测水沙特征值对比

24%、26%、28% 和 19%；与近 10 年平均值比较，上述各站分别偏小 18%、8%、20%、31%、34%、35% 和 22%；与上年度比较，外洲、梅港、虎山、渡峰坑、万家埠和湖口各站分别减小 13%、18%、28%、11%、26% 和 15%，李家渡站增大 7%。

2023 年实测输沙量与多年平均值比较，外洲、李家渡、梅港、虎山、渡峰坑、万家埠和湖口各站分别偏小 84%、25%、74%、51%、52%、71% 和 21%；与近 10 年平均值比较，外洲、梅港、虎山、渡峰坑和万家埠各站分别偏小 36%、51%、78%、62% 和 67%，李家渡站基本持平，湖口站偏大 13%；与上年度比较，外洲、梅港、虎山、渡峰坑和万家埠各站分别减小 55%、60%、85%、59% 和 69%，李家渡站和湖口站分别增大 98% 和 57%。

2023 年 10 月 3 日 7 时至 10 月 6 日 10 时，鄱阳湖区湖口水道湖口站发生倒灌，倒灌总径流量为 0.7327 亿立方米，倒灌总输沙量为 2843 吨。

（二）径流量与输沙量年内变化

1. 长江干流

2023 年长江干流主要水文控制站逐月径流量与输沙量的变化见图 1-5。2023 年长

表 1-4 鄱阳湖区主要水文控制站实测水沙特征值对比

河流		赣江	抚河	信江	饶河	饶河	修水	湖口水道
水文控制站		外洲	李家渡	梅港	虎山	渡峰坑	万家埠	湖口
控制流域面积（万平方公里）		8.09	1.58	1.55	0.64	0.50	0.35	16.22
年径流量（亿立方米）	多年平均	689.2 (1950—2020年)	128.2 (1953—2020年)	181.8 (1953—2020年)	72.14 (1953—2020年)	47.58 (1953—2020年)	35.83 (1953—2020年)	1518 (1950—2020年)
	近10年平均	707.4	129.6	185.7	78.49	53.05	39.70	1575
	2022年	668.0	111.5	180.0	75.35	39.30	34.43	1430
	2023年	580.9	119.7	148.5	54.50	35.04	25.65	1222
年输沙量（万吨）	多年平均	759 (1956—2020年)	135 (1956—2020年)	191 (1955—2020年)	72.3 (1956—2020年)	46.2 (1956—2020年)	34.9 (1957—2020年)	1000 (1952—2020年)
	近10年平均	191	104	100	163	58.8	30.2	697
	2022年	270	51.0	122	237	53.4	32.5	503
	2023年	122	101	49.0	35.4	22.1	10.1	790
年平均含沙量（千克/立方米）	多年平均	0.111 (1956—2020年)	0.108 (1956—2020年)	0.107 (1955—2020年)	0.100 (1956—2020年)	0.097 (1956—2020年)	0.099 (1957—2020年)	0.066 (1952—2020年)
	2022年	0.040	0.046	0.068	0.314	0.135	0.094	0.035
	2023年	0.021	0.084	0.033	0.065	0.063	0.039	0.065
年平均中数粒径（毫米）	多年平均	0.043 (1987—2020年)	0.046 (1987—2020年)	0.015 (1987—2020年)				0.007 (2006—2020年)
	2022年	0.012	0.012	0.010				0.009
	2023年	0.013	0.009	0.013				0.009
输沙模数[吨/(年·平方公里)]	多年平均	93.8 (1956—2020年)	85.4 (1956—2020年)	123 (1955—2020年)	113 (1956—2020年)	92.4 (1956—2020年)	99.7 (1957—2020年)	61.7 (1952—2020年)
	2022年	33.4	32.3	78.5	372	107	91.6	31.0
	2023年	15.1		31.5	55.5	44.1	28.5	48.7

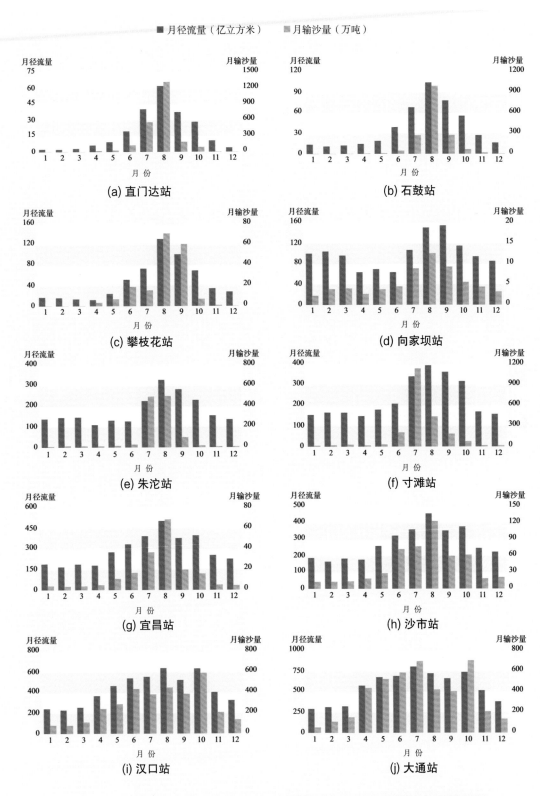

■ 月径流量（亿立方米）　■ 月输沙量（万吨）

(a) 直门达站

(b) 石鼓站

(c) 攀枝花站

(d) 向家坝站

(e) 朱沱站

(f) 寸滩站

(g) 宜昌站

(h) 沙市站

(i) 汉口站

(j) 大通站

图 1-5　2023 年长江干流主要水文控制站逐月径流量与输沙量变化

江干流主要水文控制站直门达、石鼓、攀枝花、朱沱、寸滩和宜昌各站径流量和输沙量主要集中在6—10月，分别占全年的55%~83%和93%~98%；向家坝、沙市、汉口和大通各站径流量和输沙量主要集中在5—10月，分别占全年的55%~65%和69%~81%。

2. 长江主要支流

2023年长江主要支流水文控制站逐月径流量与输沙量的变化见图1-6。2023年长

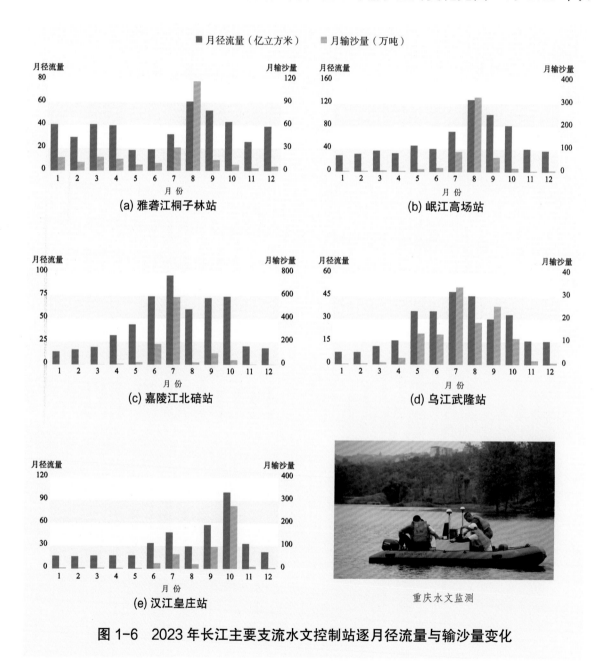

图1-6 2023年长江主要支流水文控制站逐月径流量与输沙量变化

江主要支流水文控制站桐子林站径流量5—6月偏枯，其他月份分布比较均衡，输沙量集中在6—9月，占全年的62%；高场、北碚和武隆各站径流量和输沙量主要集中在5—10月，分别占全年的69%~78%和95%~99%；皇庄站径流量和输沙量主要集中在6—11月，分别占全年的74%和96%。

3. 洞庭湖区和鄱阳湖区

2023年洞庭湖区和鄱阳湖区主要水文控制站逐月径流量与输沙量的变化见图1-7。

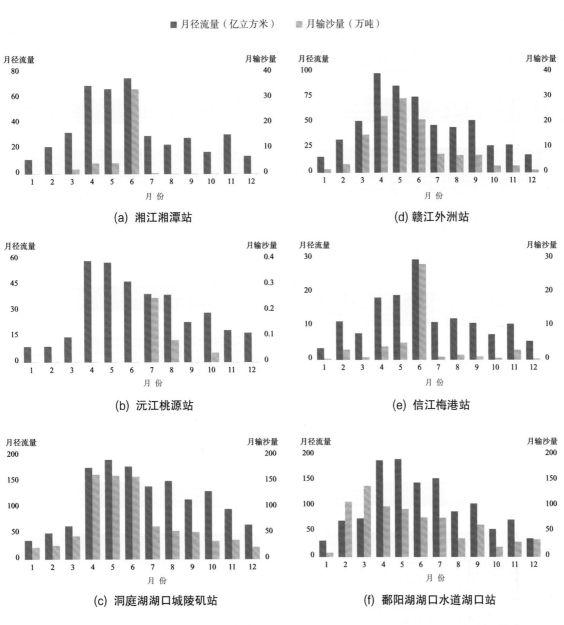

图1-7 2023年洞庭湖区和鄱阳湖区主要水文控制站逐月径流量与输沙量变化

2023 年洞庭湖区主要水文控制站湘潭、桃源和城陵矶各站及鄱阳湖区的外洲站和梅港站径流量和输沙量主要集中在 4—7 月，分别占全年的 49%~57% 和 65%~95%。鄱阳湖区湖口站径流量和输沙量主要集中在 2—9 月，分别占全年的 84% 和 88%。

三、重点河段冲淤变化

（一）重庆主城区河段

1. 河段概况

重庆主城区河段是指长江干流大渡口至铜锣峡的干流河段（长约 40 公里）和嘉陵江井口至朝天门的嘉陵江河段（长约 20 公里），嘉陵江在朝天门从左岸汇入长江。重庆主城区河道在平面上呈连续弯曲的河道形态，弯道段与顺直过渡段长度所占比例约为 1 : 1，河势稳定。重庆主城区河段河势见图 1-8。

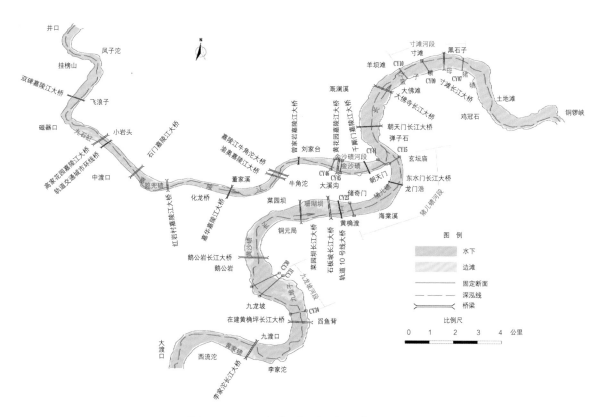

图 1-8　重庆主城区河段河势示意图

2. 冲淤变化

重庆主城区河段位于三峡水库变动回水区上段，2008 年三峡水库进行 175 米（吴淞基面，三峡水库水位、高程下同）试验性蓄水后，受上游来水来沙变化及人类活动影响，2008 年 9 月中旬至 2023 年 12 月全河段累积冲刷量为 1973.9 万立方米。其中，嘉陵江汇合口以下的长江干流河段冲刷 26.2 万立方米，汇合口以上长江干流河段冲刷 1755.1 万立方米，嘉陵江河段冲刷 192.6 万立方米。

2022 年 12 月至 2023 年 12 月，重庆主城区河段表现为淤积，泥沙淤积量为 93.3 万立方米。其中，长江干流汇合口以下河段淤积 48.2 万立方米，长江干流汇合口以上河段淤积 1.7 万立方米，嘉陵江河段淤积 43.4 万立方米。局部重点河段中，九龙坡和金沙碛河段表现为淤积，猪儿碛及寸滩河段表现为冲刷。具体见表 1-5 及图 1-9。

3. 典型断面冲淤变化

在三峡水库蓄水以前的天然情况下，断面年内变化主要表现为汛期淤积、非汛期冲刷，年际间无明显单向性的冲深或淤高现象。三峡水库 175 米试验性蓄水以来，年际间河床断面形态多无明显变化，年内有冲有淤，局部受航道整治工程、采砂等影响高程有所下降（图 1-10）。2023 年内有冲有淤，汛前消落期局部有明显冲刷，汛期嘉陵江河口段断面有所淤积（图 1-11）。

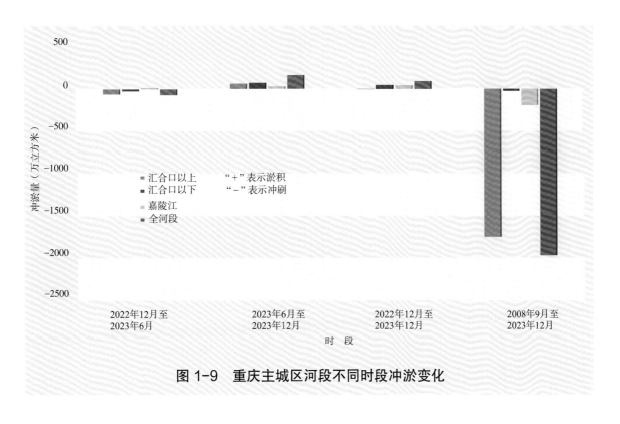

图 1-9 重庆主城区河段不同时段冲淤变化

表 1-5 重庆主城区河段冲淤量

单位：万立方米

时段 \ 河段	局部重点河段				长江干流		嘉陵江	全河段
	九龙坡	猪儿碛	寸滩	金沙碛	汇合口（CY15）以上	汇合口（CY15）以下		
2008年9月至2022年12月	−260.4	−128.4	+22.3	−25.4	−1756.8	−74.4	−236	−2067.2
2022年12月至2023年6月	−9.2	−10.5	−21.2	+1.5	−59.5	−23.5	+14.5	−68.5
2023年6月至2023年12月	+16.5	+0.4	+2.3	+1.8	+61.2	+71.7	+28.9	+161.8
2022年12月至2023年12月	+7.3	−10.1	−18.9	+3.3	+1.7	+48.2	+43.4	+93.3
2008年9月至2023年12月	−253.1	−138.5	+3.4	−22.1	−1755.1	−26.2	−192.6	−1973.9

注 1. "+"表示淤积，"−"表示冲刷。

2. 九龙坡、猪儿碛、寸滩河段分别为长江九龙坡港区、汇合口上游干流港区和寸滩新港区，计算河段长度分别为2364米、3717米和2578米；金沙碛河段为嘉陵江口门段（朝天门附近），计算河段长度为2671米。

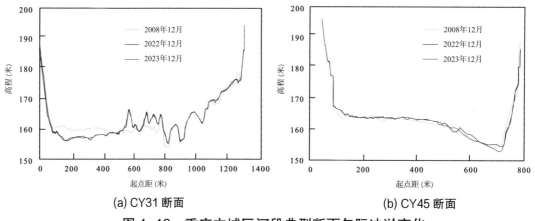

(a) CY31 断面　　　　　　　　　　　　(b) CY45 断面

图 1-10 重庆主城区河段典型断面年际冲淤变化

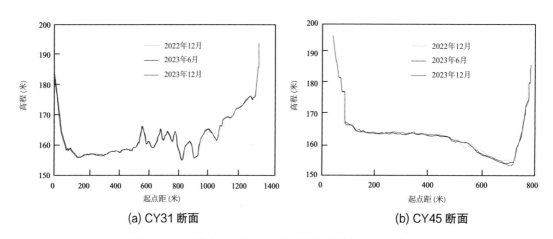

(a) CY31 断面　　　　　　　　　　　　(b) CY45 断面

图 1-11 重庆主城区河段典型断面年内冲淤变化

4. 河道深泓纵剖面冲淤变化

重庆主城区河段深泓纵剖面有冲有淤，2023 年年内深泓变化幅度一般在 0.5 米以内。深泓纵剖面变化见图 1-12。

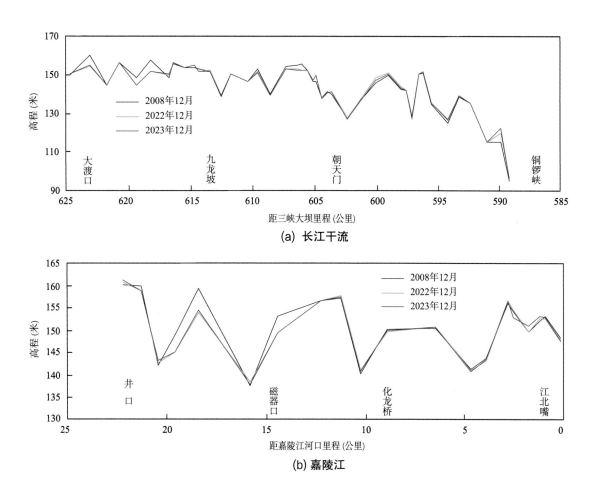

(a) 长江干流

(b) 嘉陵江

图 1-12　重庆主城区河段长江干流和嘉陵江深泓纵剖面年际变化

（二）荆江河段

1. 河段概况

荆江河段上起湖北省枝城、下迄湖南省城陵矶，流经湖北省的枝江、松滋、荆州、公安、沙市、江陵、石首、监利和湖南省的华容、岳阳等县（区、市），全长 347.2 公里。其间以藕池口为界，分为上荆江和下荆江。上荆江长约 171.7 公里，为微弯分汊河型；下荆江长约 175.5 公里，为典型蜿蜒型河道。荆江河道河势见图 1-13。

2. 冲淤变化

2002 年 10 月至 2023 年 10 月，荆江河段平滩河槽累积冲刷量为 13.27 亿立方米，

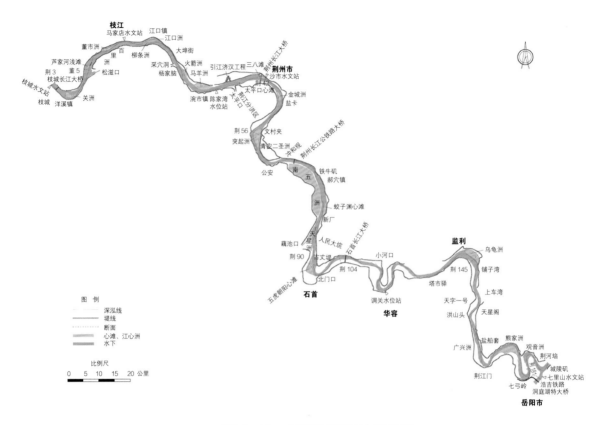

图 1-13　荆江河道河势示意图

上荆江和下荆江冲刷量分别占总冲刷量的 57% 和 43%。2021 年 4 月至 2023 年 10 月，荆江河段平滩河槽冲刷量为 6074 万立方米，上荆江和下荆江冲刷量分别占总冲刷量的 27% 和 73%，冲刷主要集中在枯水河槽，枯水河槽冲刷量占总冲刷量的 86%。荆江河段冲淤变化具体见表 1-6 及图 1-14。

三峡水库蓄水运用以来，荆江河段河势基本稳定，受上游水库拦沙、航道整治等人类活动影响，荆江河段来沙量大幅减少，河道发生了较大幅度的沿程冲刷，冲刷主要发生在枯水河槽内。同时，局部河段主流及河势变化较大，崩岸时有发生，江心洲及边滩崩塌后退。

3. 典型断面冲淤变化

荆江河段断面形态多为不规则的 U 形、W 形或偏 V 形，三峡水库蓄水运用以来，河床变形以主河槽冲刷下切为主；顺直段断面变化小，分汊及弯道段断面变化较大，如三八滩、金城洲、石首弯道和乌龟洲等河段滩槽交替冲淤变化较大。典型断面冲淤变化见图 1-15。

表 1-6 荆江河段冲淤变化统计

单位: 万立方米

河段	时段	冲淤量		
		枯水河槽	基本河槽	平滩河槽
上荆江	2002 年 10 月至 2020 年 10 月	−69013	−70446	−72722
	2020 年 10 月至 2021 年 4 月	−1077	−1096	−1101
	2021 年 4 月至 2023 年 10 月	−1331	−1347	−1628
	2002 年 10 月至 2023 年 10 月	−71420	−72889	−75451
下荆江	2002 年 10 月至 2020 年 10 月	−42811	−45892	−50226
	2020 年 10 月至 2021 年 4 月	−2284	−2435	−2548
	2021 年 4 月至 2023 年 10 月	−3923	−4008	−4446
	2002 年 10 月至 2023 年 10 月	−49018	−52335	−57220
荆江河段	2002 年 10 月至 2020 年 10 月	−111824	−116338	−122948
	2020 年 10 月至 2021 年 4 月	−3361	−3531	−3649
	2021 年 4 月至 2023 年 10 月	−5253	−5355	−6074
	2002 年 10 月至 2023 年 10 月	−120438	−125224	−132671

注 1. "+"表示淤积, "−"表示冲刷。
2. 表中枯水河槽、基本河槽、平滩河槽分别指宜昌站流量 5000 立方米 / 秒、10000 立方米 / 秒和 30000 立方米 / 秒对应水面线下的河床。

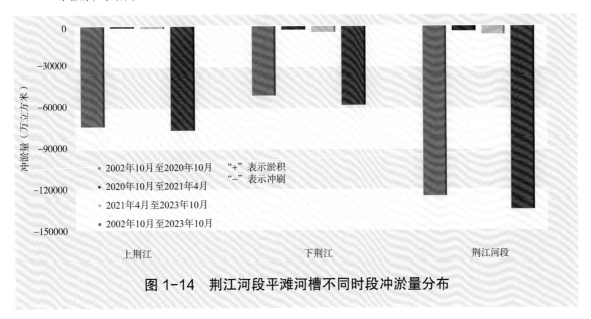

图 1-14 荆江河段平滩河槽不同时段冲淤量分布

4. 河道深泓纵剖面冲淤变化

2002 年 10 月至 2023 年 10 月, 荆江河段纵向深泓以冲刷为主 (图 1-16), 平均冲刷深度为 3.46 米, 最大冲刷深度为 20.6 米, 位于调关河段的荆 120 断面 (距葛洲坝轴线距离 264.7 公里)。

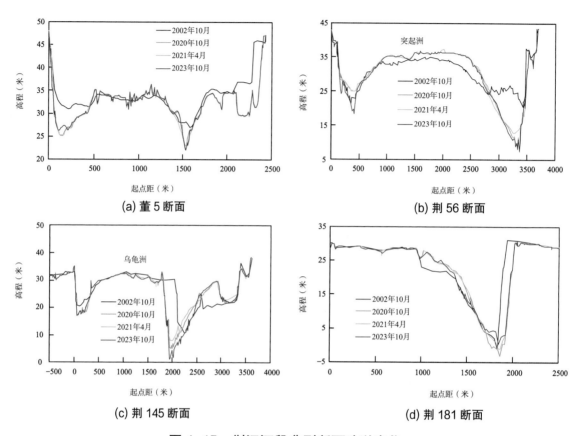

(a) 董5断面

(b) 荆56断面

(c) 荆145断面

(d) 荆181断面

图1-15　荆江河段典型断面冲淤变化

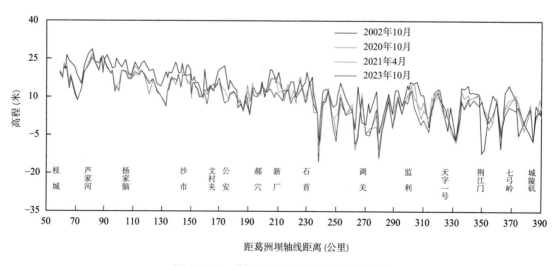

图1-16　荆江河段深泓纵剖面变化

四、重要水库和湖泊冲淤变化

（一）三峡水库

1. 进出库水沙量

2023 年 1 月 1 日三峡水库坝前水位由 158.17 米开始逐步消落，至 6 月 10 日水库水位消落至 150 米，随后三峡水库转入汛期运行，9 月 10 日起三峡水库进行 175 米蓄水（坝前水位为 158.97 米），至 10 月 20 日三峡水库蓄水至 175 米。2023 年三峡水库入库径流量和输沙量（朱沱站、北碚站和武隆站三站之和）分别为 3007 亿立方米和 0.229 亿吨，与 2003—2022 年的平均值相比，分别偏小 19% 和 84%。

三峡水库出库控制站黄陵庙水文站，2023 年径流量和输沙量分别为 3423 亿立方米和 187 万吨。宜昌站 2023 年径流量和输沙量分别为 3505 亿立方米和 195 万吨，与 2003—2022 年的平均值相比，分别偏小 17% 和 94%。

2. 水库淤积量

在不考虑区间来沙的情况下，库区泥沙淤积量为三峡水库入库与出库沙量之差。2023 年三峡水库库区泥沙淤积量为 0.210 亿吨，水库排沙比为 8%。2023 年三峡水库泥沙淤积量年内变化见图 1-17。

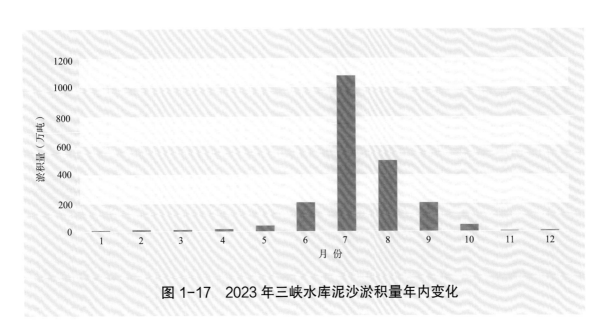

图 1-17　2023 年三峡水库泥沙淤积量年内变化

三峡水库 2003 年 6 月蓄水运用以来至 2023 年 12 月，入库悬移质泥沙量为 27.2 亿吨，出库（黄陵庙站）悬移质泥沙量为 6.37 亿吨，不考虑三峡库区区间来沙，水库泥沙淤积量为 20.8 亿吨，水库排沙比为 23%。

3. 水库典型断面冲淤变化

三峡水库蓄水运用以来，受上游来水来沙、河道采砂和水库调度等影响，变动回水区总体冲刷，泥沙淤积主要集中在涪陵以下的常年回水区，水库 175 米高程以下河床内泥沙淤积量占干流总淤积量的 98%（其中在 145 米高程以下的库容内河床淤积量占干流总淤积量的 90%，145~175 米高程之间的水库防洪库容内河床淤积量占干流总淤积量的 8%）。三峡水库泥沙淤积以主槽淤积为主，沿程则以宽谷河段淤积为主，占总淤积量的 94%，如 S113、S207 等断面；窄深河段淤积相对较少或略有冲刷，如位于瞿塘峡的 S109 断面；深泓最大淤高 67.1 米（S34 断面）。三峡水库典型断面冲淤变化见图 1-18。

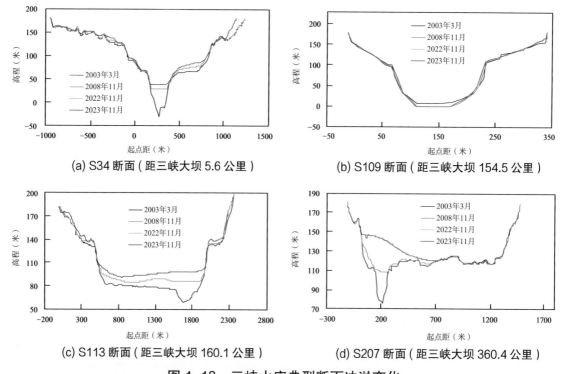

(a) S34 断面（距三峡大坝 5.6 公里）　(b) S109 断面（距三峡大坝 154.5 公里）

(c) S113 断面（距三峡大坝 160.1 公里）　(d) S207 断面（距三峡大坝 360.4 公里）

图 1-18　三峡水库典型断面冲淤变化

（二）丹江口水库

1. 进出库水沙量

2023 年丹江口水库入库径流量和输沙量（干流白河站、天河贾家坊站、堵河黄龙滩站、丹江磨峪湾站和老灌河淅川站五站之和）分别为 423.6 亿立方米和 478 万吨，较上年度分别增加 76% 和 139%。

2023 年丹江口水库出库径流量和输沙量（丹江口大坝、南水北调中线调水的渠首陶岔闸和清泉沟闸三个出库口水沙量之和）分别为 376.2 亿立方米和 21.5 万吨，与上年度相比，2023 年出库径流量增加 10%。

2. 水库淤积量

在不考虑区间来沙量的情况下，2023 年丹江口水库库区泥沙淤积量为 457 万吨，水库排沙比为 4%。

（三）洞庭湖

1. 进出湖水沙量

2023 年洞庭湖入湖主要水文控制站总径流量和总输沙量分别为 1199 亿立方米和 141 万吨，其中荆江三口年径流量和年输沙量分别为 222.6 亿立方米和 71.4 万吨，洞庭湖区湘江、资水、沅江和澧水（简称"四水"）控制站年径流量和年输沙量分别为 976.9 亿立方米和 69.4 万吨。与 1956—2020 年多年平均值比较，2023 年洞庭湖入湖总径流量和总输沙量分别偏小 51% 和 99%；与近 10 年平均值比较，2023 年入湖总径流量和总输沙量分别偏小 46% 和 87%。

2023 年由城陵矶站汇入长江的径流量和输沙量分别为 1407 亿立方米和 849 万吨，较 1951—2020 年多年平均值分别偏小 50% 和 77%，较近 10 年平均值分别偏小 46% 和 43%。

2. 湖区冲刷量

在不考虑湖区其他进、出湖输沙量及河道采砂的情况下，洞庭湖湖区泥沙淤积量为入湖与出湖输沙量之差。2023 年洞庭湖湖区泥沙冲刷量为 708 万吨，湖区泥沙冲刷比为 502%。

（四）鄱阳湖

1. 进出湖水沙量

鄱阳湖入湖径流量和输沙量分别由五河七口水文站（赣江外洲，抚河李家渡，信江梅港，饶河虎山、渡峰坑，修水万家埠、虬津）和五河六口水文站（外洲，李家渡，梅港，虎山、渡峰坑，万家埠）控制，2023 年鄱阳湖入湖总径流量和总输沙量分别为 1008 亿立方米和 340 万吨；与 1956—2020 年多年平均值比较，2023 年入湖总径流量和总输沙量分别偏小 19% 和 73%；与近 10 年平均值比较，2023 年入湖总径流量和总输沙量分别偏小 21% 和 48%。

2023 年由湖口站汇入长江的出湖径流量和输沙量分别为 1222 亿立方米和 790 万吨，较多年平均值分别偏小 19% 和 21%；与近 10 年平均值比较，2023 年出湖总径流量偏小 22%，出湖总输沙量偏大 13%。

2. 湖区冲刷量

在不考虑湖区其他进、出湖输沙量及河道采砂的情况下，鄱阳湖湖区泥沙淤积量为入湖与出湖输沙量之差。2023 年鄱阳湖湖区泥沙冲刷量为 450 万吨，湖区泥沙冲刷比为 132%。

五、重要泥沙事件

长江河道采砂及疏浚砂综合利用

2023 年长江干流宜宾以下河道共实施采砂 2258 万吨。其中，长江上游干流河道实施采砂 496 万吨，长江中下游干流河道实施采砂 1762 万吨。2023 年洞庭湖湖区及主要支流实施采砂 1697 万吨，鄱阳湖湖区及主要支流实施采砂 5687 万吨。

2023 年长江干流河道疏浚砂综合利用量为 2574 万吨。其中，河道和航道疏浚砂综合利用量为 1423 万吨，码头、锚地、取水口等涉水工程疏浚砂综合利用量为 1151 万吨。2023 年洞庭湖湖区及主要支流疏浚砂综合利用量为 119 万吨，鄱阳湖湖区及主要支流疏浚砂综合利用量为 699 万吨。

洞庭湖生态修复试点项目审批疏浚砂总量为 8248 万吨，2023 年综合利用量为 1.3 万吨。

黄河乌海河段凌汛（喻权刚 摄）

第二章 黄河

一、概述

2023 年黄河干流主要水文控制站实测水沙特征值与多年平均值比较，唐乃亥站年径流量偏大 8%，其他站偏小 6%～30%；唐乃亥站年输沙量基本持平，其他站偏小 76%～93%。与近 10 年平均值比较，唐乃亥站和利津站年径流量基本持平，其他站偏小 7%～23%；唐乃亥站年输沙量偏大 16%，其他站偏小 19%～63%。与上年度比较，唐乃亥站年径流量增大 29%，小浪底、艾山和利津各站减小 9%～13%，其他站基本持平；唐乃亥站年输沙量增大 67%，其他站减小 19%～72%。

2023 年黄河主要支流水文控制站实测水沙特征值与多年平均值比较，伊洛河黑石关、渭河华县和汾河河津各站年径流量偏大 6%～50%，其他站偏小 12%～93%；各站年输沙量偏小 78%～100%。与近 10 年平均值比较，洮河红旗站和北洛河洑头站年径流量基本持平，黑石关、河津和华县各站偏大 9%～83%，其他站偏小 9%～64%；各站年输沙量偏小 19%～100%。与上年度比较，黑石关、红旗、华县和洑头各站年径流量增大 7%～126%，其他站减小 9%～87%；除黑石关站、沁河武陟站（黑石关站本年度与上年度均为 0，武陟站本年度与上年度均近似为 0）外，其他站年输沙量减小 14%～100%。

2023 年度内蒙古河段巴彦高勒站断面表现为淤积，石嘴山、三湖河口和头道拐各站断面表现为冲刷；黄河下游河道冲刷量为 0.084 亿立方米，引水量和引沙量分别为 84.48 亿立方米和 1905 万吨。2023 年度三门峡水库库区淤积量为 0.202 亿立方米，小浪底水库库区冲刷量为 0.265 亿立方米。

2023 年重要泥沙事件为黄河上中游重点水库联合排沙运用。

二、径流量与输沙量

（一）2023 年实测水沙特征值

1. 黄河干流

2023 年黄河干流主要水文控制站实测水沙特征值与多年平均值、近 10 年平均值及 2022 年值的比较见表 2-1 和图 2-1。

表 2-1　黄河干流主要水文控制站实测水沙特征值对比

水文控制站		唐乃亥	兰　州	头道拐	龙　门	潼　关	小浪底	花园口	高　村	艾　山	利　津
控制流域面积（万平方公里）		12.20	22.26	36.79	49.76	68.22	69.42	73.00	73.41	74.91	75.19
年径流量（亿立方米）	多年平均	204.0 (1950—2020年)	314.4 (1950—2020年)	216.6 (1950—2020年)	258.7 (1950—2020年)	335.3 (1952—2020年)	338.6 (1952—2020年)	369.8 (1950—2020年)	330.6 (1952—2020年)	327.8 (1952—2020年)	288.6 (1952—2020年)
	近10年平均	220.9	344.0	217.2	234.1	302.4	316.3	338.2	308.3	285.8	235.3
	2022年	170.9	301.9	170.2	188.8	263.8	298.7	321.7	296.4	292.3	260.9
	2023年	220.7	294.0	173.4	180.0	270.3	268.5	307.1	281.9	266.2	226.5
年输沙量（亿吨）	多年平均	0.120 (1956—2020年)	0.610 (1950—2020年)	0.987 (1950—2020年)	6.33 (1950—2020年)	9.21 (1952—2020年)	8.44 (1952—2020年)	7.92 (1950—2020年)	7.10 (1952—2020年)	6.86 (1952—2020年)	6.38 (1952—2020年)
	近10年平均	0.108	0.217	0.579	1.26	1.61	1.78	1.51	1.73	1.69	1.43
	2022年	0.075	0.247	0.296	1.71	2.03	1.89	1.55	1.60	1.51	1.25
	2023年	0.125	0.084	0.239	0.472	0.953	1.44	1.23	1.27	1.13	0.969
年平均含沙量（千克/立方米）	多年平均	0.589 (1956—2020年)	1.94 (1950—2020年)	4.55 (1950—2020年)	24.5 (1950—2020年)	27.5 (1952—2020年)	24.9 (1952—2020年)	21.4 (1950—2020年)	21.5 (1952—2020年)	20.9 (1952—2020年)	22.1 (1952—2020年)
	2022年	0.440	0.818	1.74	9.06	7.70	6.33	4.82	5.40	5.17	4.79
	2023年	0.566	0.286	1.38	2.62	3.53	5.36	4.01	4.51	4.24	4.28
年平均中数粒径（毫米）	多年平均	0.016 (1984—2020年)	0.015 (1957—2020年)	0.017 (1958—2020年)	0.026 (1956—2020年)	0.021 (1961—2020年)	0.018 (1961—2020年)	0.019 (1961—2020年)	0.021 (1954—2020年)	0.022 (1962—2020年)	0.019 (1962—2020年)
	2022年	0.011	0.008	0.017	0.015	0.012	0.017	0.014	0.015	0.018	0.013
	2023年	0.012	0.012	0.019	0.029	0.017	0.029	0.024	0.023	0.024	0.016
输沙模数[吨/(年·平方公里)]	多年平均	98.5 (1956—2020年)	274 (1950—2020年)	268 (1950—2020年)	1270 (1950—2020年)	1350 (1952—2020年)	1220 (1952—2020年)	1080 (1950—2020年)	968 (1952—2020年)	915 (1952—2020年)	848 (1952—2020年)
	2022年	61.6	111	80.5	344	298	272	212	218	202	166
	2023年	102	37.7	65.0	94.9	140	207	168	173	151	129

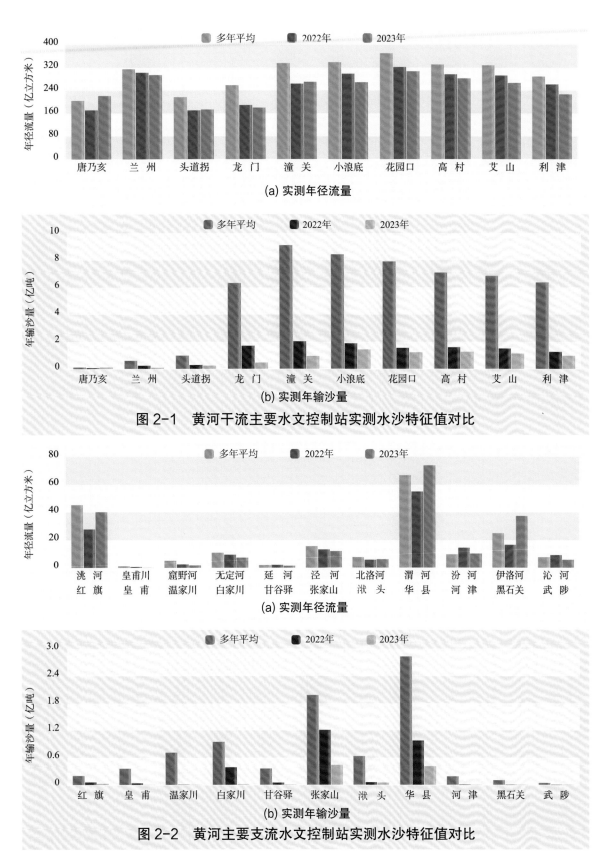

(a) 实测年径流量

(b) 实测年输沙量

图 2-1　黄河干流主要水文控制站实测水沙特征值对比

(a) 实测年径流量

(b) 实测年输沙量

图 2-2　黄河主要支流水文控制站实测水沙特征值对比

2023 年实测径流量与多年平均值比较，唐乃亥站偏大 8%，兰州、头道拐、龙门、潼关、小浪底、花园口、高村、艾山和利津各站分别偏小 6%、20%、30%、19%、21%、17%、15%、19% 和 22%；与近 10 年平均值比较，唐乃亥站和利津站基本持平，兰州、头道拐、龙门、潼关、小浪底、花园口、高村和艾山各站分别偏小 15%、20%、23%、11%、15%、9%、9% 和 7%；与上年度比较，唐乃亥站增大 29%，兰州、头道拐、龙门、潼关、花园口和高村各站基本持平，小浪底、艾山和利津各站分别减小 10%、9% 和 13%。

2023 年实测输沙量与多年平均值比较，唐乃亥站基本持平，兰州、头道拐、龙门、潼关、小浪底、花园口、高村、艾山和利津各站分别偏小 86%、76%、93%、90%、83%、84%、82%、84% 和 85%；与近 10 年平均值比较，唐乃亥站偏大 16%，兰州、头道拐、龙门、潼关、小浪底、花园口、高村、艾山和利津各站分别偏小 61%、59%、63%、41%、19%、19%、27%、33% 和 32%；与上年度比较，唐乃亥站增大 67%，兰州、头道拐、龙门、潼关、小浪底、花园口、高村、艾山和利津各站分别减小 66%、19%、72%、53%、24%、21%、21%、25% 和 22%。

2. 黄河主要支流

2023 年黄河主要支流水文控制站实测水沙特征值与多年平均值、近 10 年平均值及 2022 年值的比较见表 2-2 和图 2-2。

2023 年实测径流量与多年平均值比较，渭河华县、汾河河津和伊洛河黑石关各站分别偏大 10%、6% 和 50%，洮河红旗、皇甫川皇甫、窟野河温家川、无定河白家川、延河甘谷驿、泾河张家山、北洛河洑头和沁河武陟各站分别偏小 12%、93%、66%、33%、27%、23%、20% 和 25%；与近 10 年平均值比较，红旗站和洑头站基本持平，华县、河津和黑石关各站分别偏大 13%、9% 和 83%，皇甫、温家川、白家川、甘谷驿、张家山和武陟各站分别偏小 64%、40%、15%、10%、9% 和 15%；与上年度比较，红旗、洑头、华县和黑石关各站分别增大 45%、7%、34% 和 126%，皇甫、温家川、白家川、甘谷驿、张家山、河津和武陟各站分别减小 87%、29%、22%、29%、9%、29% 和 37%。

2023 年实测输沙量与多年平均值比较，红旗、皇甫、温家川、白家川、甘谷驿、张家山、洑头、华县、河津、黑石关和武陟各站分别偏小 87%、99%、近 100%、99%、99%、78%、92%、85%、近 100%、近 100% 和近 100%；与近 10 年平均值比较，红旗、皇甫、温家川、白家川、甘谷驿、张家山、洑头、华县、河津、黑石关和武陟各站分别偏小 42%、87%、99%、93%、83%、19%、32%、24%、92%、近 100% 和 98%；与上年度比较，黑石关站本年度与上年度输沙量均为 0，武陟站本年度与上年度均近似为 0，红旗、皇甫、温家川、白家川、甘谷驿、张家山、洑头、华县和河津各站分别减小 57%、94%、近 100%、97%、92%、63%、14%、58% 和 92%。

表 2-2　黄河主要支流水文控制站实测水沙特征值对比

河　　流		洮　河	皇甫川	窟野河	无定河	延　河	泾　河	北洛河	渭　河	汾　河	伊洛河	沁　河
水文控制站		红　旗	皇　甫	温家川	白家川	甘谷驿	张家山	㳇　头	华　县	河　津	黑石关	武　陟
控制流域面积（万平方公里）		2.50	0.32	0.85	2.97	0.59	4.32	2.56	10.56	3.87	1.86	1.29
年径流量（亿立方米）	多年平均	45.41 (1954—2020年)	1.180 (1954—2020年)	5.098 (1954—2020年)	10.87 (1956—2020年)	1.971 (1952—2020年)	15.55 (1950—2020年)	7.678 (1950—2020年)	66.88 (1950—2020年)	9.691 (1950—2020年)	24.95 (1950—2020年)	7.670 (1950—2020年)
	近10年平均	42.03	0.2205	2.856	8.621	1.600	13.18	5.887	65.23	9.364	20.40	6.726
	2022年	27.69	0.639	2.428	9.400	2.038	13.16	5.781	54.99	14.40	16.54	9.148
	2023年	40.12	0.080	1.724	7.309	1.447	11.97	6.158	73.88	10.25	37.34	5.718
年输沙量（亿吨）	多年平均	0.203 (1954—2020年)	0.360 (1954—2020年)	0.724 (1954—2020年)	0.947 (1956—2020年)	0.361 (1952—2020年)	1.98 (1950—2020年)	0.647 (1956—2020年)	2.85 (1950—2020年)	0.186 (1950—2020年)	0.101 (1950—2020年)	0.041 (1950—2020年)
	近10年平均	0.045	0.015	0.004	0.192	0.023	0.547	0.074	0.546	0.002	0.004	0.005
	2022年	0.061	0.035	0.005	0.390	0.048	1.21	0.058	0.976	0.002	0	0.000
	2023年	0.026	0.002	0.000	0.013	0.004	0.442	0.050	0.414	0.000	0	0.000
年平均含沙量（千克/立方米）	多年平均	4.48 (1954—2020年)	305 (1954—2020年)	142 (1954—2020年)	87.1 (1956—2020年)	183 (1952—2020年)	127 (1950—2020年)	84.3 (1956—2020年)	42.7 (1950—2020年)	19.1 (1950—2020年)	4.05 (1950—2020年)	5.33 (1950—2020年)
	2022年	2.20	54.6	2.21	41.5	23.7	91.9	10.0	17.8	0.172	0	0.005
	2023年	0.648	25.0	0.030	1.78	2.76	36.9	8.12	5.60	0.016	0	0.015
年平均中数粒径（毫米）	多年平均		0.039 (1957—2020年)	0.045 (1958—2020年)	0.030 (1962—2020年)	0.026 (1963—2020年)	0.024 (1964—2020年)	0.025 (1963—2020年)	0.017 (1950—2020年)	0.016 (1956—2020年)	0.009 (1956—2020年)	
	2022年		0.013	0.010	0.025	0.018	0.020	0.006	0.016	0.008		
	2023年		0.017	0.006	0.021	0.012	0.014	0.010	0.011	0.013		
输沙模数[吨/(年·平方公里)]	多年平均	815 (1954—2020年)	11300 (1954—2020年)	8500 (1954—2020年)	3190 (1956—2020年)	6130 (1952—2020年)	4580 (1950—2020年)	2520 (1956—2020年)	2680 (1950—2020年)	479 (1950—2020年)	544 (1950—2020年)	317 (1950—2020年)
	2022年	244	1090	63.2	1310	817	2800	227	916	6.38	0	0.334
	2023年	104	62.2	0.613	43.1	70.0	1020	194	389	0.426	0	0.676

（二）径流量与输沙量年内变化

2023 年黄河干流主要水文控制站逐月径流量与输沙量变化见图 2-3。2023 年黄河干流上游唐乃亥站径流量和输沙量主要集中在 5—10 月，分别占全年的 77% 和 96%；中游头道拐、龙门和潼关各站径流量分布较为均匀，输沙量集中在 7—10 月，占全年的 60%~69%；下游花园口站和利津站径流量和输沙量主要集中在 5—8 月，其中，径流量分别占全年的 52% 和 58%，输沙量分别占全年的 83% 和 87%。

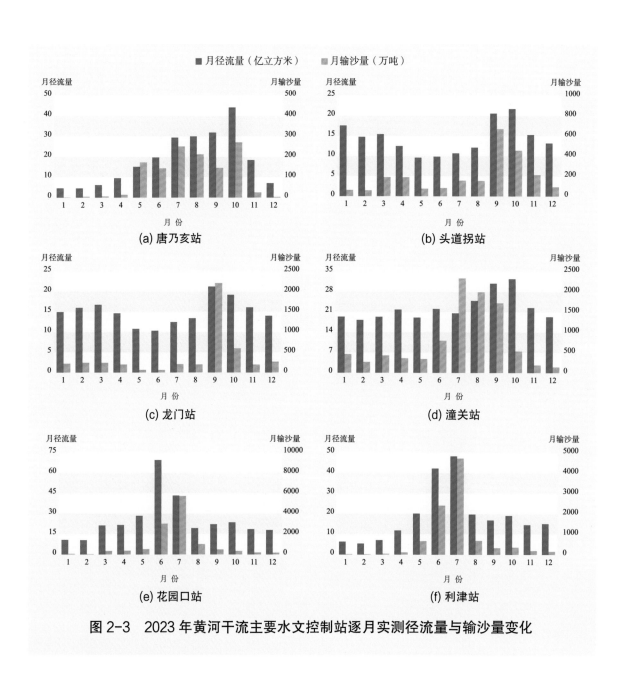

图 2-3　2023 年黄河干流主要水文控制站逐月实测径流量与输沙量变化

三、重点河段冲淤变化

（一）内蒙古河段典型断面冲淤变化

　　黄河内蒙古河段石嘴山、巴彦高勒、三湖河口和头道拐各水文站断面的冲淤变化见图 2-4。

　　石嘴山站断面 2023 年汛后与 1992 年同期相比 [图 2-4(a)]，高程 1091.50 米（汛期历史最高水位以上 0.61 米）以下断面面积减小约 37 平方米（起点距 143~426 米），主槽冲刷，深泓点降低。2023 年汛后与上年度同期相比，高程 1091.50 米以下断面面积增大约 23 平方米，深泓点略有抬高，主槽左冲右淤。

巴彦高勒站断面 2023 年汛后与 2014 年同期相比 [图 2-4(b)]，高程 1055.00 米（汛期历史最高水位以上 0.78 米）以下断面面积减小约 606 平方米，断面两岸冲刷，中部淤积。2023 年汛后与上年度同期相比，高程 1055.00 米以下断面面积减小约 219 平方米，断面两侧淤积，中部冲刷，深泓点降低。

三湖河口站断面 2023 年汛后与 2002 年同期相比 [图 2-4(c)]，高程 1019.50 米（汛期历史最高水位以上 0.31 米）以下断面面积增大约 252 平方米，断面冲刷，主槽左移，深泓点降低。2023 年汛后与上年度同期相比，高程 1019.50 米以下断面面积增大约 342 平方米，河道主槽冲刷，深泓点降低。

头道拐站断面 2023 年汛后与 1987 年同期相比 [图 2-4(d)]，高程 992.00 米（汛期历史最高水位以上 0.50 米）以下断面面积减小约 278 平方米，主槽摆向右岸，深泓点抬高。2023 年汛后与上年度同期相比，高程 992.00 米以下断面面积增大约 29 平方米，主槽左右侧冲刷，中部淤积，深泓点降低。

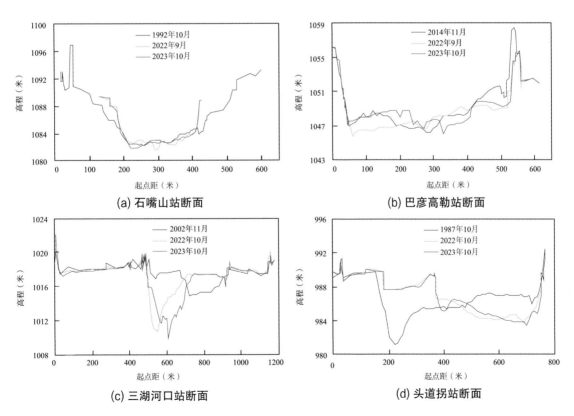

图 2-4　黄河内蒙古河段典型断面冲淤变化

（二）黄河下游河段

1. 河段冲淤量

2022 年 10 月至 2023 年 10 月，黄河下游河道总冲刷量为 0.084 亿立方米，其中，西霞院至花园口河段和艾山至利津河段表现为淤积，淤积量为 0.064 亿立方米，其他河段表现为冲刷，冲刷量为 0.148 亿立方米。各河段冲淤量见表 2-3。

表 2-3　2023 年度黄河下游各河段冲淤量

河　段	西霞院—花园口	花园口—夹河滩	夹河滩—高村	高村—孙口	孙口—艾山	艾山—泺口	泺口—利津	合　计
河段长度（公里）	112.8	100.8	72.6	118.2	63.9	101.8	167.8	737.9
冲淤量（亿立方米）	+0.012	−0.108	−0.023	−0.010	−0.007	+0.015	+0.037	−0.084

注　"+"表示淤积，"−"表示冲刷。

2. 典型断面冲淤变化

黄河下游河道典型断面冲淤变化见图 2-5。与 2022 年 10 月相比，2023 年 10 月花园口断面和丁庄断面主槽冲刷，孙口断面和泺口断面表现为淤积。

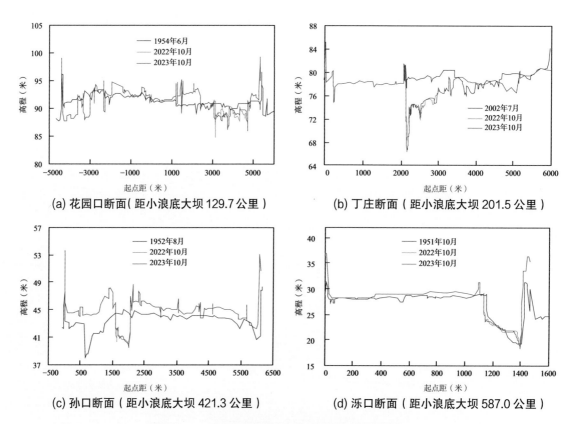

(a) 花园口断面（距小浪底大坝 129.7 公里）　(b) 丁庄断面（距小浪底大坝 201.5 公里）

(c) 孙口断面（距小浪底大坝 421.3 公里）　(d) 泺口断面（距小浪底大坝 587.0 公里）

图 2-5　黄河下游河道典型断面冲淤变化

3. 引水引沙

根据黄河下游 96 处引水口引水监测和 82 处引水口引沙监测统计，2023 年黄河下游实测引水量 84.48 亿立方米，实测引沙量 1905 万吨。各河段实测引水量与引沙量见表 2-4。

表 2-4　2023 年黄河下游各河段实测引水量与引沙量

河　段	西霞院—花园口	花园口—夹河滩	夹河滩—高村	高村—孙口	孙口—艾山	艾山—泺口	泺口—利津	利津以下	合计
引水量（亿立方米）	3.930	9.550	12.72	7.650	6.750	15.23	24.01	4.640	84.48
引沙量（万吨）	34.0	208	300	159	197	426	529	52.5	1905

四、重要水库冲淤变化

（一）三门峡水库

1. 水库冲淤量

2023 年度三门峡水库库区表现为淤积，总淤积量为 0.202 亿立方米。其中，黄河干流三门峡至潼关河段淤积量为 0.344 亿立方米，小北干流河段冲刷量为 0.204 亿立方米；支流渭河淤积量为 0.051 亿立方米，北洛河淤积量为 0.011 亿立方米。三门峡水库库区 2023 年度及多年累积冲淤量分布见表 2-5。

表 2-5　三门峡水库库区 2023 年度及多年累积冲淤量分布

单位：亿立方米

库　段 ＼ 时　段	1960 年 5 月至 2022 年 10 月	2022 年 10 月至 2023 年 10 月	1960 年 5 月至 2023 年 10 月
黄淤 1—黄淤 41	+27.480	+0.344	+27.824
黄淤 41—黄淤 68	+21.696	−0.204	+21.492
渭拦 4—渭淤 37	+10.873	+0.051	+10.924
洛淤 1—洛淤 21	+2.903	+0.011	+2.914
合　计	+62.952	+0.202	+63.154

注　1. "+"表示淤积，"−"表示冲刷。
　　2. 黄淤 41 断面即潼关断面，位于黄河、渭河交汇点下游，也是黄河由北向南转而东流之处；黄淤 1—黄淤 41 断面即黄河三门峡—潼关河段，黄淤 41—黄淤 68 断面即黄河小北干流河段；渭河冲淤断面自下而上分渭拦 11、渭拦 12、渭拦 1—渭拦 10 和渭淤 1—渭淤 37 两段布设，渭河冲淤计算从渭拦 4 开始；北洛河自下而上依次为洛淤 1—洛淤 21。

2. 潼关高程

潼关高程是指潼关水文站流量为 1000 立方米／秒时潼关（六）断面的相应水位。

2023 年潼关高程汛前为 326.73 米，汛后为 326.28 米，与上年度同期相比，汛前降低 0.01 米，汛后降低 0.17 米；与 2003 年汛前和 1969 年汛后历史同期最高高程相比，分别降低 0.87 米和 1.15 米。

（二）小浪底水库

小浪底库区距坝 65 公里以上为峡谷段，河谷宽度多在 500 米以下；距坝 65 公里以下宽窄相间，河谷宽度多在 1000 米以上，最宽处约 2800 米。按此形态将库区划分为大坝—黄河 20 断面（距小浪底大坝 33.5 公里，下同）、黄河 20—黄河 38 断面（64.8 公里）和黄河 38—黄河 56 断面（123.4 公里）3 个区段统计淤积量。

2023 年小浪底水库水位（桐树岭站）变化主要集中在 6—10 月。1 月至 6 月中旬日平均库水位维持在 254.3~262.5 米，6 月 21 日小浪底水库启动调水调沙，库水位逐渐降低，7 月 6 日降至 218.0 米。7 月下旬为应对上游来水，小浪底水库开展了一次排沙调度，8 月 1 日后库水位逐渐抬升，12 月 31 日蓄水至 262.0 米。2023 年小浪底水库瞬时最低库水位为 216.30 米（7 月 7 日 2 时），瞬时最高库水位为 262.58 米（3 月 21 日 8 时）。

1. 水库冲淤量

2022 年 10 月至 2023 年 10 月，小浪底水库库区冲刷量为 0.265 亿立方米，其中干流冲刷量为 0.300 亿立方米，冲刷主要发生在黄河 27 断面（44.5 公里）至黄河 50 断面（98.4 公里）之间，淤积主要发生大坝至黄河 27 断面；支流淤积量为 0.035 亿立方米，淤积主要发生在大坝至黄河 19 断面（31.9 公里）之间的左岸支流，其中大峪河淤积量较大，为 0.043 亿立方米。小浪底水库库区 2023 年度及多年累积冲淤量分布见表 2-6。

表 2-6　小浪底水库库区 2023 年度及多年累积冲淤量分布

单位：亿立方米

时 段 库 段	1997 年 10 月至 2022 年 10 月	2022 年 10 月至 2023 年 10 月			1997 年 10 月至 2023 年 10 月	
		干 流	支 流	合 计	总 计	淤积量占比
大坝—黄河 20	+21.819	+0.066	+0.044	+0.110	+21.929	63.7%
黄河 20—黄河 38	+11.413	−0.130	−0.009	−0.139	+11.274	32.7%
黄河 38—黄河 56	+1.481	−0.236	0	−0.236	+1.245	3.6%
合 计	+34.713	−0.300	+0.035	−0.265	+34.448	100%

注　"+"表示淤积，"−"表示冲刷。

2. 水库库容变化

2023 年 10 月小浪底水库实测 275 米高程以下库容为 93.137 亿立方米，较 2022 年 10 月库容增大 0.265 亿立方米。小浪底水库库容曲线见图 2-6。

3. 水库纵剖面和典型断面冲淤变化

小浪底水库深泓纵剖面变化情况见图2-7。2023年10月小浪底水库淤积三角洲顶点位于9断面（11.4公里），顶点高程为219.22米。与2022年10月相比，大坝至黄河27断面之间深泓点高程有升有降，其中黄河7断面（9.0公里）深泓点高程降低5.29米。黄河27断面至黄河56断面间除黄河49断面（94.0公里）、黄河54断面（115.1公里）外，其他断面深泓点高程均降低，其中黄河48断面深泓点高程降低幅度最大，达6.05米。

根据2023年小浪底水库纵剖面和平面宽度的变化特点，选择黄河5、黄河23、黄河39和黄河47等4个典型断面说明库区冲淤变化情况，见图2-8。与2022年10月相比，2023年10月黄河39断面主槽右岸冲刷，黄河47断面主槽整体冲刷，其他断面冲淤变化不大。

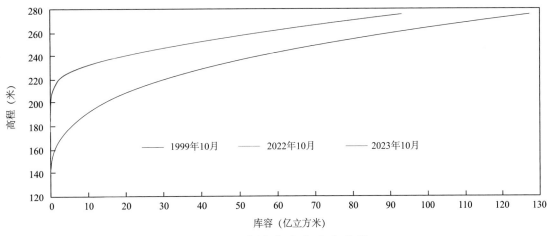

图 2-6　小浪底水库库容曲线

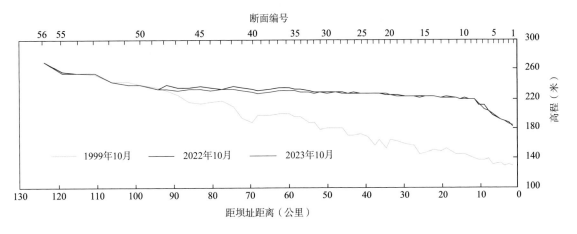

图 2-7　小浪底水库深泓纵剖面变化

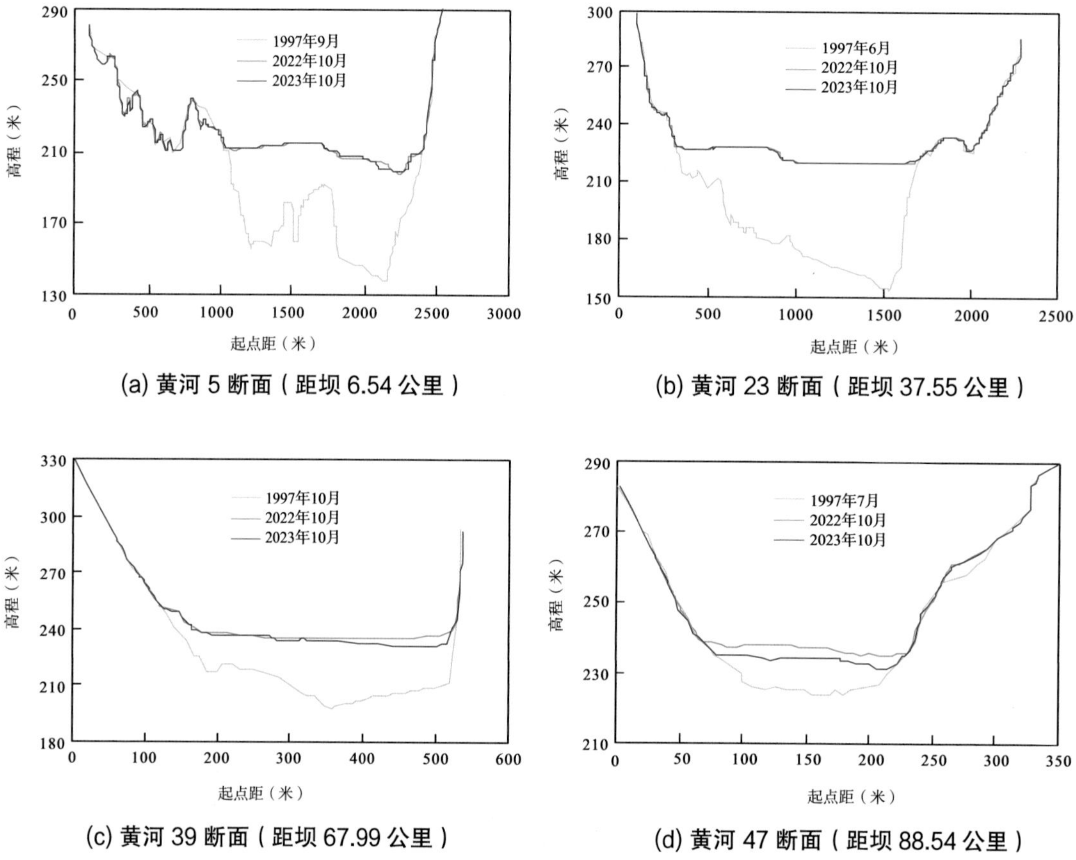

(a) 黄河 5 断面（距坝 6.54 公里）

(b) 黄河 23 断面（距坝 37.55 公里）

(c) 黄河 39 断面（距坝 67.99 公里）

(d) 黄河 47 断面（距坝 88.54 公里）

图 2-8　小浪底水库典型断面冲淤变化

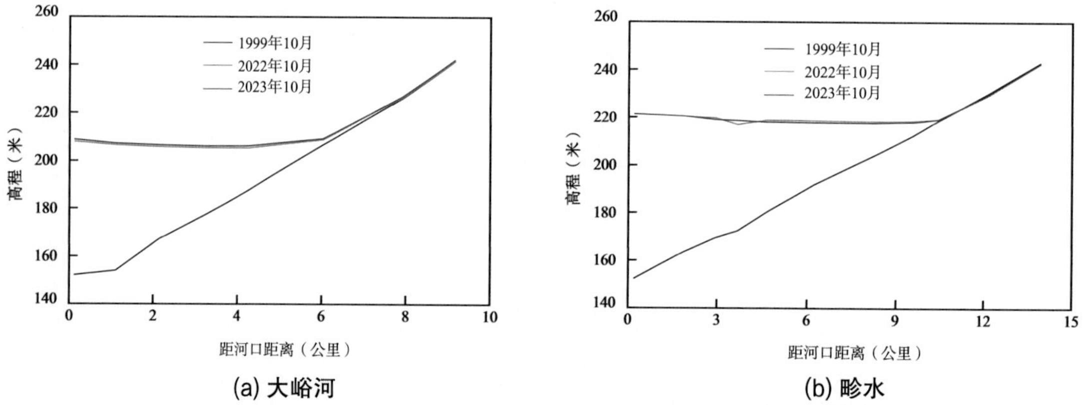

(a) 大峪河

(b) 畛水

图 2-9　小浪底库区典型支流入汇段深泓纵剖面变化

4. 水库库区典型支流入汇河段冲淤变化

以大峪河和畛水作为小浪底水库库区典型支流。大峪河在大坝上游 4.2 公里处库区的左岸汇入黄河；畛水在大坝上游 17.2 公里处库区的右岸汇入黄河，是小浪底库区最大的一条支流。从图 2-9 可以看出，随着干流河底的不断淤积，大峪河 1 断面（距河口 120 米）1999 年 10 月至 2023 年 10 月淤积抬高 56.68 米；2023 年度大峪河口深泓点高程抬升 0.90 米。畛水 1 断面（距河口 200 米）1999 年 10 月至 2023 年 10 月淤积抬高 69.2 米；2023 年度畛水河口深泓点高程变化不大，仅抬升 0.09 米。

五、重要泥沙事件

黄河上中游重点水库联合排沙运用

2023 年 9 月 6—22 日，黄河水利委员会抓住上游宁蒙两省（自治区）灌区停灌时机，联合调度刘家峡、青铜峡、海勃湾、万家寨、龙口等水库，组织实施了 2023 年黄河上中游重点水库联合排沙运用。

期间，青铜峡水库排沙 0.132 亿吨，库区冲刷 0.120 亿吨；海勃湾水库排沙 0.119 亿吨，库区冲刷 0.086 亿吨；万家寨水库排沙 0.237 亿吨，库区冲刷 0.189 亿吨；龙口水库排沙 0.294 亿吨，库区冲刷 0.057 亿吨。四库合计排沙 0.782 亿吨，库区合计冲刷 0.452 亿吨。

淮河蚌埠河段

第三章　淮河

一、概述

2023 年淮河流域主要水文控制站实测径流量与多年平均值比较，淮河息县站偏大 6%，颍河阜阳站和涡河蒙城站基本持平，其他站偏小 18%~43%；与近 10 年平均值比较，阜阳、蒙城和息县各站分别偏大 21%~45%，沂河临沂站基本持平，其他站偏小 14%~51%；与上年度比较，史河蒋家集站基本持平，临沂站减小 42%，其他站增大 50%~155%。

2023 年淮河流域主要水文控制站实测输沙量与多年平均值比较，各站偏小 62%~97%；与近 10 年平均值比较，息县站偏大 8%，淮河鲁台子站基本持平，其他站偏小 40%~88%；与上年度比较，临沂站和蒋家集站分别减小 51% 和 30%，阜阳站和蒙城站分别增大 1316% 和 7%，其他站增大 124%~329%。

2023 年鲁台子和蚌埠水文站断面基本稳定，临沂水文站断面受临沂市沂河大桥改造工程影响下切明显。

二、径流量与输沙量

（一）2023 年实测水沙特征值

2023 年淮河流域主要水文控制站实测水沙特征值与多年平均值、近 10 年平均值及 2022 年值的比较见表 3-1 和图 3-1。

2023 年实测径流量与多年平均值比较，淮河息县站偏大 6%，颍河阜阳站和涡河蒙城站基本持平，淮河鲁台子、淮河蚌埠、史河蒋家集和沂河临沂各站分别偏小

表 3-1 淮河流域主要水文控制站实测水沙特征值对比

河 流	淮河	淮河	淮河	史河	颍河	涡河	沂河
水文控制站	息 县	鲁台子	蚌 埠	蒋家集	阜 阳	蒙 城	临 沂
控制流域面积(万平方公里)	1.02	8.86	12.13	0.59	3.52	1.55	1.03
年径流量 (亿立方米)　多年平均	35.91 (1951—2020年)	214.1 (1950—2020年)	261.7 (1950—2020年)	20.18 (1951—2020年)	43.01 (1951—2020年)	12.68 (1960—2020年)	20.28 (1951—2020年)
年径流量 近10年平均	31.31	205.3	255.4	23.38	29.92	9.009	15.76
年径流量 2022年	21.87	104.8	118.0	12.09	16.98	8.409	26.18
年径流量 2023年	37.96	176.1	201.5	11.53	43.27	12.63	15.29
年输沙量 (万吨)　多年平均	191 (1959—2020年)	726 (1950—2020年)	808 (1950—2020年)	54.8 (1958—2020年)	240 (1951—2020年)	12.6 (1982—2020年)	189 (1954—2020年)
年输沙量 近10年平均	64.2	274	341	23.7	40.8	3.79	42.8
年输沙量 2022年	23.5	64.1	82.1	4.09	1.37	2.14	13.3
年输沙量 2023年	69.4	275	184	2.88	19.4	2.28	6.46
年平均含沙量 (千克/立方米)　多年平均	0.532 (1959—2020年)	0.339 (1950—2020年)	0.309 (1950—2020年)	0.301 (1958—2020年)	0.558 (1951—2020年)	0.125 (1982—2020年)	0.932 (1954—2020年)
年平均含沙量 2022年	0.107	0.061	0.070	0.034	0.008	0.025	0.051
年平均含沙量 2023年	0.183	0.156	0.091	0.025	0.045	0.018	0.042
输沙模数 [吨/(年·平方公里)]　多年平均	187 (1959—2020年)	81.9 (1950—2020年)	66.6 (1950—2020年)	92.9 (1958—2020年)	68.2 (1951—2020年)	8.13 (1982—2020年)	183 (1954—2020年)
输沙模数 2022年	23.1	7.23	6.77	6.90	0.389	1.38	12.9
输沙模数 2023年	68.1	31.0	15.2	4.86	5.50	1.47	6.26

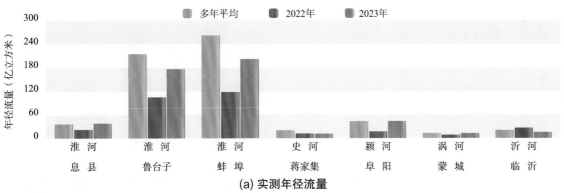

(a) 实测年径流量

(b) 实测年输沙量

图 3-1 淮河流域主要水文控制站实测水沙特征值对比

18%、23%、43% 和 25%；与近 10 年平均值比较，息县、阜阳和蒙城各站分别偏大 21%、45% 和 40%，临沂站基本持平，鲁台子、蚌埠和蒋家集各站分别偏小 14%、21% 和 51%；与上年度比较，息县、鲁台子、蚌埠、阜阳和蒙城各站分别增大 74%、68%、71%、155% 和 50%，蒋家集站基本持平，临沂站减小 42%。

2023 年实测输沙量与多年平均值比较，息县、鲁台子、蚌埠、蒋家集、阜阳、蒙城和临沂各站分别偏小 64%、62%、77%、95%、92%、82% 和 97%；与近 10 年平均值比较，息县站偏大 8%，鲁台子站基本持平，蚌埠、蒋家集、阜阳、蒙城和临沂各站分别偏小 46%、88%、52%、40% 和 85%；与上年度比较，息县、鲁台子、蚌埠、阜阳和蒙城各站分别增大 195%、329%、124%、1316% 和 7%，蒋家集站和临沂站分别减小 30% 和 51%。

（二）径流量与输沙量年内变化

2023 年淮河流域主要水文控制站逐月径流量与输沙量变化见图 3-2。2023 年淮河流域主要水文控制站息县、鲁台子、蚌埠、蒋家集、阜阳、蒙城和临沂各站径流量和输沙量主要集中在 6—10 月，分别占全年的 67%~80% 和 91%~100%，各站最大月径流量和月输沙量分别占全年的 21%~37% 和 40%~100%。

三、典型断面冲淤变化

（一）淮河干流鲁台子水文站断面

鲁台子水文站断面冲淤变化见图 3-3。在 2000 年退堤整治后，断面右边岸滩大幅拓宽。与上年度相比，2023 年断面基本稳定，冲淤变化不大。

（二）淮河干流蚌埠水文站断面

蚌埠水文站断面冲淤变化见图 3-4。2022 年断面距左岸 155 ~ 280 米处受河道清淤、滩地改造等工程建设的影响下切约 5 米。与 2022 年末工程影响后断面相比，2023 年断面基本稳定。

（三）沂河临沂水文站断面

临沂水文站断面冲淤变化见图 3-5。受临沂市沂河路沂河大桥改造工程的影响，与上年度相比，2023 年断面起点距 700~750 米和 850~1150 米处断面有下切，最深下切 2 米左右。

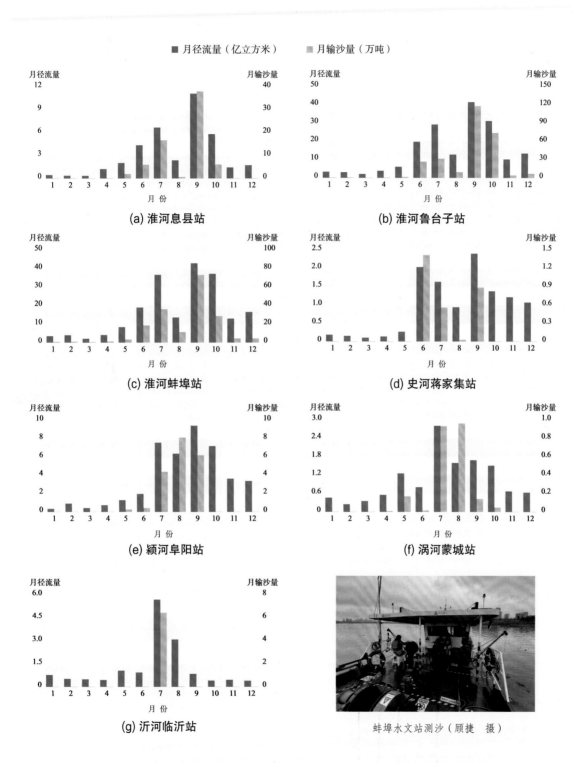

图 3-2　2023 年淮河流域主要水文控制站逐月径流量与输沙量变化

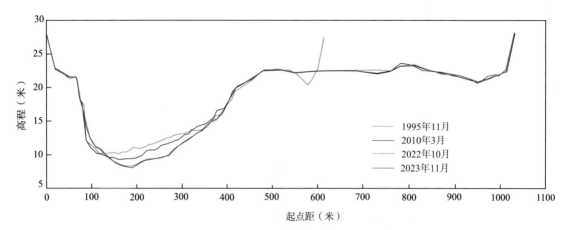

图 3-3 鲁台子水文站断面冲淤变化

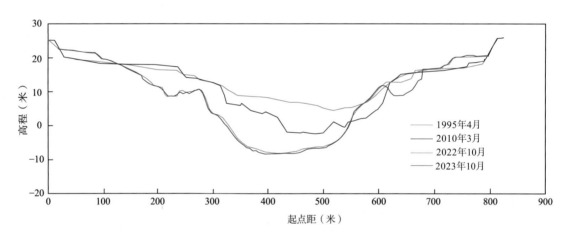

图 3-4 蚌埠水文站断面冲淤变化

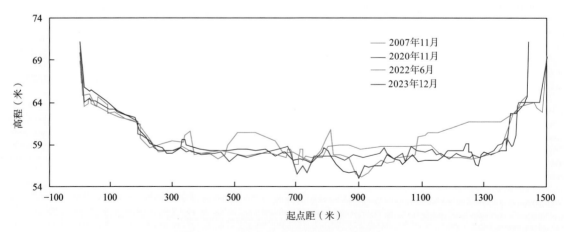

图 3-5 临沂水文站断面冲淤变化

新盖房水利枢纽（史建飞 摄）

第四章 海河

一、概述

2023 年海河流域主要水文控制站实测径流量与多年平均值比较，沙河阜平、卫河元村集、永定河雁翅和漳河观台各站偏大 16% ~ 163%，其他站偏小 22% ~ 86%；与近 10 年平均值比较，潮河下会、滦河滦县和海河海河闸各站偏小 17% ~ 69%，其他站偏大 9% ~ 165%；与上年度比较，洋河响水堡站基本持平，阜平、白河张家坟、观台、雁翅和元村集各站增大 23% ~ 100%，其他站减小 7% ~ 59%。

2023 年海河流域主要水文控制站实测输沙量与多年平均值比较，阜平站和雁翅站分别偏大 1119% 和 198%，其他站偏小 66% ~ 100%；与近 10 年平均值比较，响水堡站近 10 年输沙量近似为 0，滦县、下会、海河闸和桑干河石匣里各站偏小 38% ~ 100%，其他站偏大 61% ~ 877%；与上年度比较，滦县站减小 100%，其他站增大 11% ~ 12636%，响水堡、下会和海河闸各站 2022 年和 2023 年输沙量均近似为 0，雁翅站和张家坟站 2022 年输沙量近似为 0。

2023 年河北省实施引黄入冀调水，入冀水量为 6.310 亿立方米，入冀携带泥沙量为 18.3 万吨。

受海河"23·7"流域性特大洪水的影响，2023 年阜平水文站断面主槽冲刷面积为 20.2 平方米，最大冲刷深度为 2.44 米；观台水文站断面主河槽发生冲刷，最大冲刷深度为 0.56 米。

2023 年重要泥沙事件包括海河发生流域性特大洪水及永定河实现全年全线有水。

二、径流量与输沙量

（一）2023 年实测水沙特征值

2023 年海河流域主要水文控制站实测水沙特征值与多年平均值、近 10 年平均值及 2022 年值的比较见表 4-1 和图 4-1。

2023 年实测径流量与多年平均值比较，永定河雁翅、沙河阜平、漳河观台和卫河元村集各站分别偏大 26%、163%、16% 和 94%，桑干河石匣里、洋河响水堡、滦河滦县、潮河下会、白河张家坟、海河海河闸和滹沱河小觉各站分别偏小 22%、86%、73%、78%、33%、49% 和 30%；与近 10 年平均值比较，石匣里、响水堡、雁翅、张家坟、阜平、小觉、观台和元村集各站分别偏大 63%、11%、165%、9%、126%、86%、61% 和 99%，滦县、下会和海河闸各站分别偏小 49%、69% 和 17%；与上年度比较，响水堡站基本持平，雁翅、张家坟、阜平、观台和元村集各站分别增大 32%、

表 4-1　海河流域主要水文控制站实测水沙特征值对比

河　　流		桑干河	洋　河	永定河	滦　河	潮　河	白　河	海　河	沙　河	滹沱河	漳　河	卫　河
水文控制站		石匣里	响水堡	雁　翅	滦　县	下　会	张家坟	海河闸	阜　平	小　觉	观　台	元村集
控制流域面积（万平方公里）		2.36	1.45	4.37	4.41	0.53	0.85	7.598	0.22	1.40	1.78	1.43
年径流量（亿立方米）	多年平均	4.009 (1952—2020年)	2.938 (1952—2020年)	5.224 (1963—2020年)	29.12 (1950—2020年)	2.294 (1961—2020年)	4.695 (1954—2020年)	7.598 (1960—2020年)	2.419 (1959—2020年)	5.624 (1956—2020年)	8.197 (1951—2020年)	14.38 (1951—2020年)
	近10年平均	1.914	0.3710	2.490	15.37	1.601	2.900	4.672	2.811	2.104	5.882	13.97
	2022年	4.041	0.4151	4.991	17.71	1.239	1.745	4.856	3.171	4.226	6.072	22.66
	2023年	3.111	0.4132	6.590	7.762	0.5038	3.164	3.878	6.353	3.918	9.468	27.86
年输沙量（万吨）	多年平均	776 (1952—2020年)	531 (1952—2020年)	10.1 (1963—2020年)	785 (1950—2020年)	67.8 (1961—2020年)	108 (1954—2020年)	6.02 (1960—2020年)	44.3 (1959—2020年)	578 (1956—2020年)	681 (1951—2020年)	198 (1951—2020年)
	近10年平均	5.75	0.000	3.08	4.52	3.03	5.16	0.013	90.0	30.8	142	19.3
	2022年	3.20	0.000	0.000	5.34	0.000	0.000	0.000	4.24	44.0	6.78	31.5
	2023年	3.56	0.000	30.1	0.000	0.000	16.0	0.000	540	102	229	45.5
年平均含沙量（千克/立方米）	多年平均	19.4 (1952—2020年)	18.1 (1952—2020年)	0.192 (1963—2020年)	2.70 (1950—2020年)	2.96 (1961—2020年)	2.30 (1954—2020年)	0.079 (1960—2020年)	1.83 (1959—2020年)	10.3 (1956—2020年)	8.31 (1951—2020年)	1.38 (1951—2020年)
	2022年	0.079	0.000	0.000	0.030	0.000	0.000	0.000	0.134	1.04	0.111	0.139
	2023年	0.114	0.000	0.457	0.000	0.000	0.506	0.000	8.50	2.60	2.42	0.163
年平均中数粒径（毫米）	多年平均	0.029 (1961—2020年)	0.027 (1962—2020年)		0.028 (1961—2020年)				0.031 (1965—2020年)	0.029 (1965—2020年)	0.021 (1965—2020年)	
	2022年	0.013							0.008			
	2023年	0.018							0.018	0.016	0.010	
输沙模数[吨/(年·平方公里)]	多年平均	329 (1952—2020年)	366 (1952—2020年)	2.30 (1963—2020年)	178 (1950—2020年)	128 (1961—2020年)	127 (1954—2020年)		200 (1959—2020年)	413 (1956—2020年)	383 (1951—2020年)	138 (1951—2020年)
	2022年	1.36	0.000	0.000	1.21	0.000	0.000		19.3	31.4	3.81	22.0
	2023年	1.51	0.000	6.89	0.000	0.000	18.8		2450	72.9	129	31.8

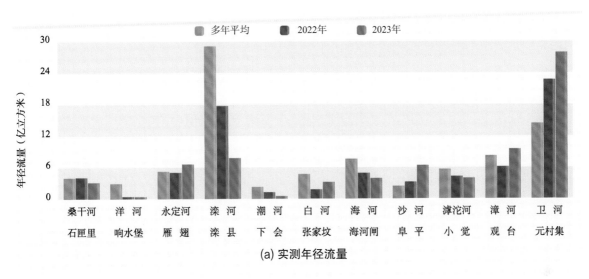

(a) 实测年径流量

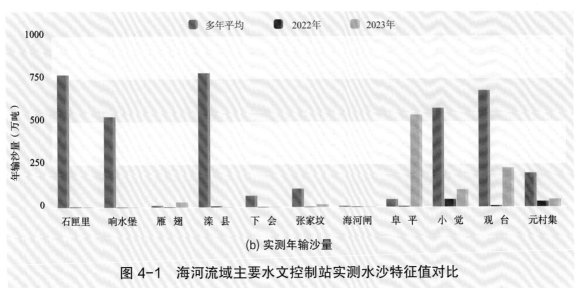

(b) 实测年输沙量

图 4-1 海河流域主要水文控制站实测水沙特征值对比

81%、100%、56% 和 23%，石匣里、滦县、下会、海河闸和小觉各站分别减小 23%、56%、59%、20% 和 7%。

2023 年实测输沙量与多年平均值比较，雁翅站和阜平站分别偏大 198% 和 1119%，石匣里、响水堡、滦县、下会和海河闸各站均偏小近 100%，张家坟、小觉、观台和元村集各站分别偏小 85%、82%、66% 和 77%；与近 10 年平均值比较，雁翅、张家坟、阜平、小觉、观台和元村集各站分别偏大 877%、210%、500%、231%、61% 和 136%，滦县、下会和海河闸各站均偏小近 100%，石匣里站偏小 38%，响水堡站近 10 年输沙量近似为 0；与上年度比较，石匣里、阜平、小觉、观台和元村集各站分别增大 11%、12636%、132%、3278% 和 44%，滦县站减小 100%，响水堡、下会和海河闸各站 2022 年和 2023 年输沙量近似为 0，雁翅站和张家坟站 2022 年输沙量近似为 0。

（二）径流量与输沙量年内变化

2023 年海河流域主要水文控制站逐月径流量与输沙量变化见图 4-2。受永定河生态补水和水库调水影响，石匣里、响水堡和下会各站非汛期 1—5 月和 10—12 月径流量占全年的比例较高，分别为 90%、67% 和 73%；石匣里站受万家寨引黄调水影响，3 月输沙量占全年的 52%，7—8 月受暴雨洪水影响，输沙量占全年 48%，响水堡站和

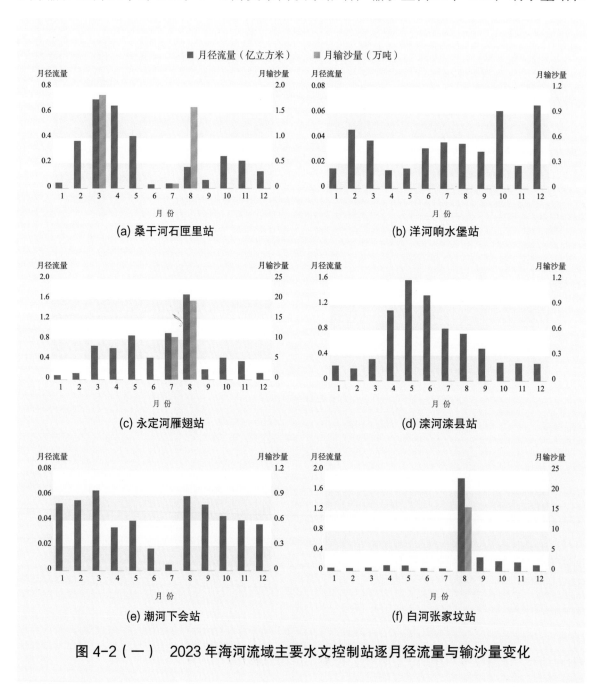

图 4-2（一） 2023 年海河流域主要水文控制站逐月径流量与输沙量变化

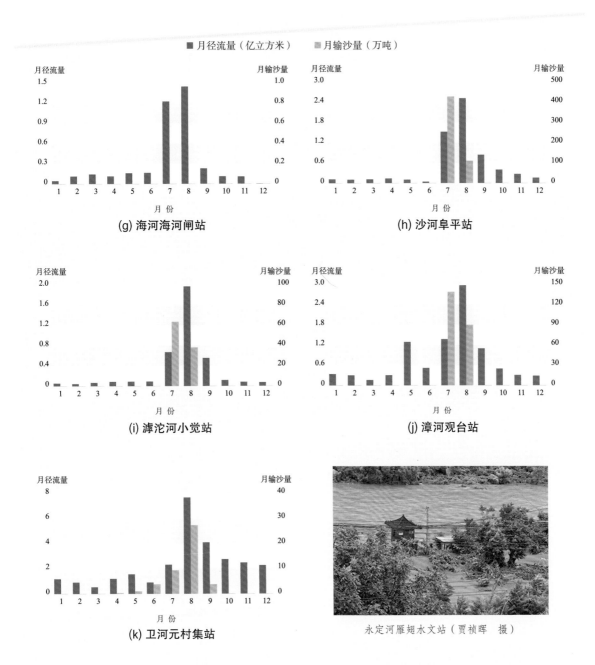

图 4-2（二）　2023 年海河流域主要水文控制站逐月径流量与输沙量变化

下会站年输沙量近似为 0。受滦河下游灌区调水影响，滦县站径流量主要集中在 4—6 月，占全年的 52%，输沙量近似为 0。雁翅、张家坟、海河闸、阜平、小觉、观台和元村集各站径流量主要集中在汛期 6—9 月，占全年的 49%～84%，除海河闸站年输沙量近似为 0 外，其他站汛期输沙量占全年的 97%～100%。

（三）洪水泥沙

2023 年汛期，受强降雨影响，海河流域发生自 1963 年以来第一次流域性特大洪水，2023 年 7 月 30 日 23 时，形成子牙河第 1 号洪水，平山水文站洪峰流量和最大含沙量分别为 6520 立方米 / 秒和 21.7 千克 / 立方米；7 月 31 日 11 时，形成永定河第 1 号洪水和大清河第 1 号洪水，永定河雁翅站洪峰流量和最大含沙量分别为 1710 立方米 / 秒和 2.27 千克 / 立方米；拒马河张坊站洪峰流量和最大含沙量分别为 7330 立方米 / 秒和 26.1 千克 / 立方米，洪水携带大量沙石涌向下游，致使张坊站断面水毁严重，平均冲刷深度约 3.2 米。其洪水泥沙特征值见表 4-2。

表 4-2　2023 年海河流域洪水泥沙特征值

水系	河流	洪水编号	水文站	洪水起止时间（月.日）	洪水径流量（亿立方米）	洪水输沙量（万吨）	洪峰流量		最大含沙量	
							流量（立方米/秒）	发生时间（月.日时:分）	含沙量（千克/立方米）	发生时间（月.日时:分）
子牙河	滹沱河	1	平山	7.29—8.11	6.331	924	6520	7.31 7:00	21.7	7.31 7:00
永定河	永定河	1	雁翅	7.31—8.6	2.030	30.1	1710	8.1 17:00	2.27	7.31 3:00
大清河	拒马河	1	张坊	7.31—8.6	8.426	1130	7330	7.31 22:20	26.1	7.31 22:00

（四）引黄入冀调水

2023 年河北省实施引黄入冀补水，引黄入冀总水量为 6.310 亿立方米，挟带泥沙总量为 18.3 万吨。其中，2023 年 2—7 月、10—11 月通过引黄入冀渠村线路向沿线农业供水及白洋淀生态补水，入冀水量为 3.760 亿立方米，入冀泥沙量为 12.2 万吨；4—5 月通过引黄入冀位山线路实施衡水湖及邢台市、衡水市、沧州市农业补水，入冀水量为 0.404 亿立方米，入冀泥沙量为 1.11 万吨；3—7 月、11 月引黄入冀潘庄线路向衡水市、沧州市补水，入冀水量为 2.110 亿立方米，入冀泥沙量为 4.94 万吨。

三、典型断面冲淤变化

（一）沙河阜平水文站断面

阜平水文站断面冲淤变化见图 4-3（大沽基面）。与 2023 年汛前相比，汛期断面主槽冲刷面积达 20.2 平方米，洪水最大冲刷深度为 2.44 米（靠近中泓）。

（二）漳河观台水文站断面

观台水文站断面冲淤变化见图 4-4（大沽基面）。与 2023 年汛前相比，观台站断面主槽冲刷，洪水最大冲刷深度为 0.56 米（中泓整体）。

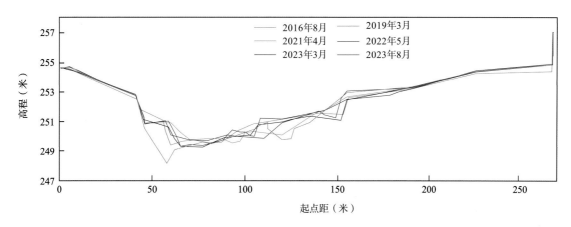

图 4-3　沙河阜平水文站断面冲淤变化

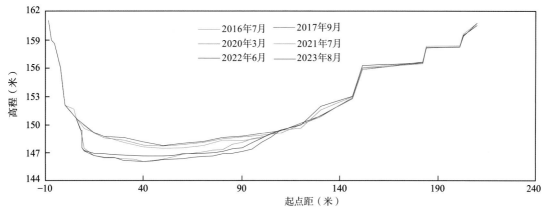

图 4-4　漳河观台水文站断面冲淤变化

四、重要泥沙事件

（一）海河发生流域性特大洪水

受台风"杜苏芮"残余环流北上、地形抬升和副热带高压的共同作用，2023 年 7 月 28 日至 8 月 1 日，海河全流域出现强降雨过程，累计面平均降雨量为 155.3 毫米，其中北京市 83 小时面降雨量达到 331 毫米，为常年平均年降雨量的 60%。受其影响，海河流域有 22 条河流发生超警戒以上洪水，8 条河流发生有实测资料以来的最大洪水，大清河、永定河发生特大洪水，子牙河发生大洪水，海河流域发生了 60 年来最大流域性特大洪水。

受海河"23·7"流域性特大洪水的影响，位于官厅水库下游永定河干流的雁翅站年实测径流量为 6.590 亿立方米，年实测输沙量为 30.1 万吨，为 1975 年以来最大输沙量；永定河干流三家店站年实测径流量为 5.431 亿立方米，年实测输沙量为 261 万吨，为 1920 年以来输沙量第 4 位；沙河阜平站年实测径流量为 6.353 亿立方米，年实测输沙量为 540 万吨，分别为多年均值的 2.6 倍和 12.2 倍。

（二）永定河实现全年全线有水

2023 年，水利部继续实施永定河生态补水，海河流域外引调水累计向永定河生态补水 2.200 亿立方米。通过上游水库联合调度，本地水、引黄水、引江水和再生水"四水统筹"，永定河实现自 1996 年断流以来首次全年全线有水。

第五章 珠江

一、概述

2023 年珠江流域（含韩江、南渡江）主要水文控制站实测径流量与多年平均值比较，南渡江龙塘站基本持平，其他站偏小 16%~68%；与近 10 年平均值比较，龙塘站偏大 12%，其他站偏小 10%~65%；与上年度比较，各站减小 11%~65%。

2023 年珠江流域主要水文控制站实测输沙量与多年平均值比较，各站偏小 57%~99%；与近 10 年平均值比较，各站偏小 23%~99%；与上年度比较，各站减小 22%~100%。

高要水文站断面自 1990 年至 2014 年，逐年下切，之后呈回淤抬升态势。与上年度相比，2023 年河床稳定，断面基本保持不变。

石角水文站断面自 2000 年至 2013 年，逐年下切。与上年度相比，断面主槽在起点距 570~840 米范围内明显下切，最大下切深度约 4.1 米。

二、径流量与输沙量

（一）2023 年实测水沙特征值

2023 年珠江流域主要水文控制站实测水沙特征值与多年平均值、近 10 年平均值及 2022 年值的比较见表 5-1 和图 5-1。

2023 年实测径流量与多年平均值比较，南渡江龙塘站基本持平，南盘江小龙潭、北盘江大渡口、红水河迁江、柳江柳州、郁江南宁、浔江大湟江口、桂江平乐、西江梧州、西江高要、北江石角、东江博罗和韩江潮安各站分别偏小 68%、47%、50%、62%、39%、49%、31%、44%、42%、16%、29% 和 21%；与近 10 年平均值比较，龙塘站偏大 12%，小龙潭、大渡口、迁江、柳州、南宁、大湟江口、平乐、梧州、高要、石角、博罗和潮安各站分别偏小 54%、39%、46%、65%、35%、48%、42%、44%、42%、

15%、19% 和 10%；与上年度比较，小龙潭、大渡口、迁江、柳州、南宁、大湟江口、平乐、梧州、高要、石角、博罗、潮安和龙塘各站分别减小 47%、33%、46%、65%、39%、49%、54%、48%、46%、38%、11%、13% 和 19%。

2023 年实测输沙量与多年平均值比较，小龙潭、大渡口、迁江、柳州、南宁、大湟江口、平乐、梧州、高要、石角、博罗、潮安和龙塘各站分别偏小 86%、89%、99%、99%、91%、97%、75%、96%、91%、57%、79%、77% 和 75%；与近 10 年平均值比较，小龙潭、大渡口、迁江、柳州、南宁、大湟江口、平乐、梧州、高要、石角、博罗、潮安和龙塘各站分别偏小 73%、56%、67%、99%、67%、90%、74%、85%、72%、45%、47%、23% 和 62%；与上年度比较，小龙潭、大渡口、迁江、柳州、南宁、大湟江口、平乐、梧州、高要、石角、博罗、潮安和龙塘各站分别减小 28%、22%、72%、100%、62%、91%、85%、90%、83%、76%、63%、65% 和 40%。

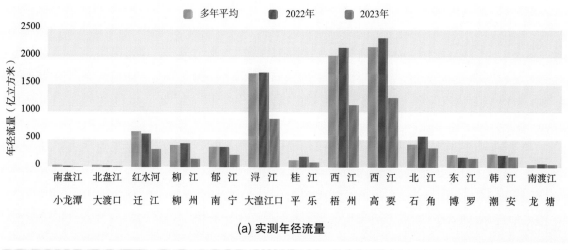

(a) 实测年径流量

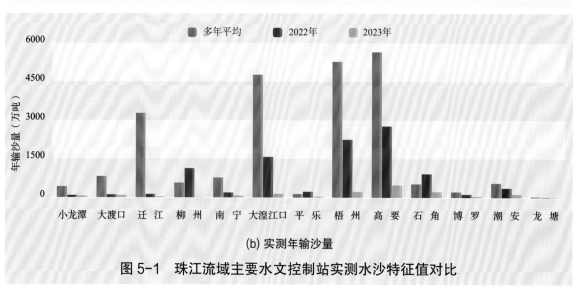

(b) 实测年输沙量

图 5-1　珠江流域主要水文控制站实测水沙特征值对比

表 5-1　珠江流域主要水文控制站实测水沙特征值对比

河流	南盘江	北盘江	红水河	柳江	郁江	浔江	桂江	西江	西江	北江	东江	韩江	南渡江
水文控制站	小龙潭	大渡口	迁江	柳州	南宁	大湟江口	平乐	梧州	高要	石角	博罗	潮安	龙塘
控制流域面积（万平方公里）	1.54	0.85	12.89	4.54	7.27	28.85	1.22	32.70	35.15	3.84	2.53	2.91	0.68
年径流量（亿立方米） 多年平均	35.36 (1953—2020年)	35.33 (1963—2020年)	646.9 (1954—2020年)	398.7 (1954—2020年)	368.2 (1954—2020年)	1706 (1954—2020年)	129.4 (1954—2020年)	2028 (1954—2020年)	2186 (1957—2020年)	417.8 (1954—2020年)	232.0 (1954—2020年)	245.5 (1955—2020年)	56.38 (1956—2020年)
年径流量 近10年平均	25.00	30.68	601.9	424.6	345.0	1684	156.2	2018	2171	413.4	204.9	215.8	51.78
年径流量 2022年	21.29	28.00	607.7	432.3	366.2	1720	193.6	2173	2348	565.1	185.9	222.2	71.59
年径流量 2023年	11.38	18.67	325.6	150.0	223.5	877.7	89.91	1131	1266	352.2	165.0	193.5	58.03
年输沙量（万吨） 多年平均	427 (1964—2020年)	822 (1965—2020年)	3280 (1954—2020年)	570 (1955—2020年)	770 (1954—2020年)	4760 (1954—2020年)	139 (1955—2020年)	5280 (1954—2020年)	5650 (1957—2020年)	525 (1954—2020年)	217 (1954—2020年)	557 (1955—2020年)	33.0 (1956—2020年)
年输沙量 近10年平均	227	201	110	1010	219	1440	134	1490	1720	409	85.0	165	21.3
年输沙量 2022年	85.5	112	129	1130	190	1570	227	2250	2770	915	123	364	13.6
年输沙量 2023年	61.5	87.7	36.1	5.58	72.7	145	34.3	227	481	224	45.2	127	8.10
年平均含沙量（千克/立方米） 多年平均	1.21 (1964—2020年)	2.34 (1965—2020年)	0.507 (1954—2020年)	0.145 (1955—2020年)	0.209 (1954—2020年)	0.279 (1954—2020年)	0.108 (1955—2020年)	0.260 (1954—2020年)	0.258 (1957—2020年)	0.127 (1954—2020年)	0.094 (1954—2020年)	0.227 (1955—2020年)	0.058 (1956—2020年)
年平均含沙量 2022年	0.402	0.400	0.021	0.261	0.052	0.091	0.117	0.104	0.118	0.162	0.066	0.164	0.019
年平均含沙量 2023年	0.540	0.470	0.011	0.004	0.033	0.017	0.038	0.020	0.038	0.063	0.027	0.065	0.014
输沙模数[吨/(年·平方公里)] 多年平均	277 (1964—2020年)	970 (1965—2020年)	254 (1954—2020年)	126 (1955—2020年)	106 (1954—2020年)	165 (1954—2020年)	114 (1955—2020年)	161 (1954—2020年)	161 (1957—2020年)	137 (1954—2020年)	85.9 (1954—2020年)	191 (1955—2020年)	48.6 (1956—2020年)
输沙模数 2022年	55.5	132	10.0	249	26.1	54.4	186	68.8	78.8	238	48.6	125	20.0
输沙模数 2023年	39.9	103	2.80	1.23	10.0	5.03	28.1	6.94	13.7	58.3	17.9	43.6	11.9

注　大渡口站泥沙数据 1966 年、1968 年、1970 年、1971 年、1975 年、1984—1986 年缺测或部分月缺测。

（二）径流量与输沙量年内变化

2023 年珠江流域主要水文控制站逐月径流量与输沙量变化见图 5-2。2023 年珠江流域小龙潭、大渡口、迁江、柳州、南宁、大湟江口、梧州、高要、博罗和潮安各站的径流量和输沙量主要集中在 6—9 月，分别占全年的 39%~64% 和 76%~98%；平乐站和石角站径流量和输沙量主要集中在 4—7 月，其中，径流量分别占全年的 60% 和 54%，输沙量分别占全年的 88% 和 81%；龙塘站的径流量和输沙量主要集中在 8—11 月，分别占全年的 65% 和 69%。

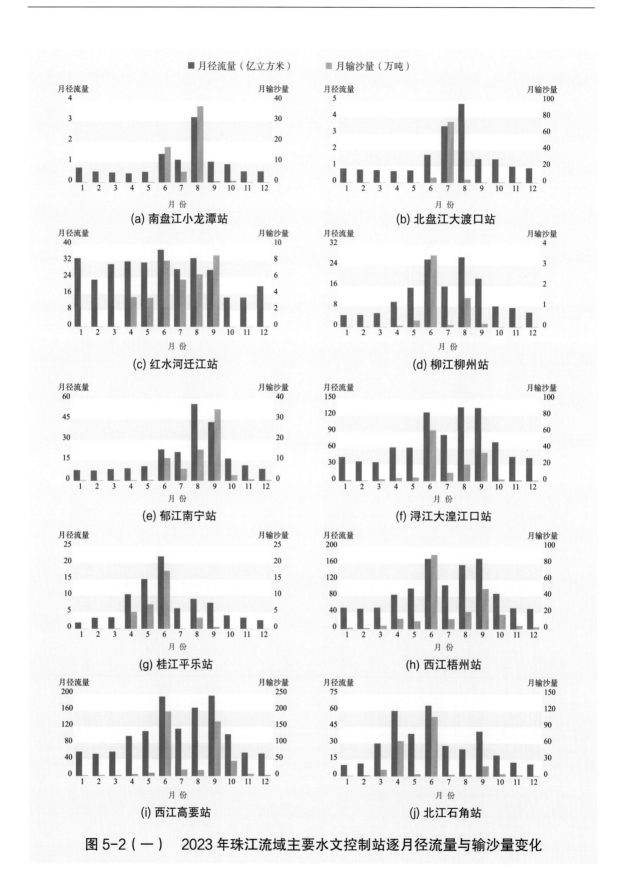

图 5-2（一）　2023 年珠江流域主要水文控制站逐月径流量与输沙量变化

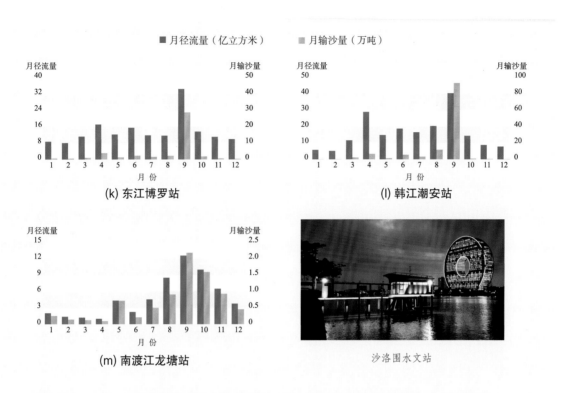

图 5-2（二）　2023 年珠江流域主要水文控制站逐月径流量与输沙量变化

三、典型断面冲淤变化

（一）西江高要水文站断面

高要水文站断面冲淤变化见图 5-3。该断面自 1990 年至 2014 年，逐年下切，之后呈回淤抬升态势。与上年度相比，2023 年河床稳定，断面基本保持不变。

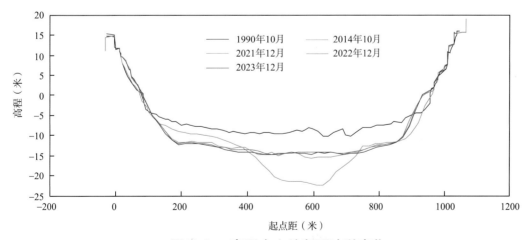

图 5-3　高要水文站断面冲淤变化

（二）北江石角水文站断面

石角水文站断面冲淤变化见图5-4。石角水文站断面自2000年至2013年，逐年下切，2013年后主槽冲淤不稳定。与上年度相比，断面主槽在起点距570~840米范围内明显下切，最大下切深度约4.1米。

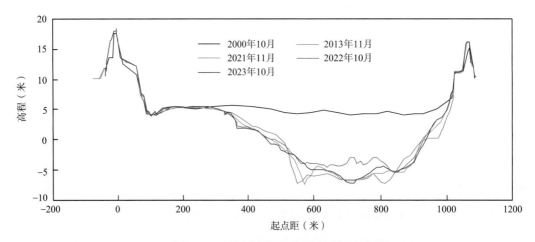

图 5-4　石角水文站断面冲淤变化

第六章　松花江与辽河

一、概述

（一）松花江

2023 年松花江流域主要水文控制站实测径流量与多年平均值比较，嫩江江桥站和第二松花江扶余站基本持平，呼兰河秦家站偏小 16%，其他站偏大 8%～66%；与近 10 年平均值比较，牡丹江牡丹江站偏大 36%，扶余站和松花江干流哈尔滨站基本持平，其他站偏小 9%～25%；与上年度比较，秦家站和牡丹江站分别增大 48% 和 24%，江桥站和嫩江大赉站基本持平，扶余站和哈尔滨站分别减小 29% 和 6%。

2023 年松花江流域主要水文控制站实测输沙量与多年平均值比较，江桥、大赉和牡丹江各站偏大 78%～419%，其他站偏小 22%～77%；与近 10 年平均值比较，大赉站基本持平，扶余站和秦家站分别偏小 42% 和 61%，其他站偏大 14%～198%；与上年度比较，扶余站减小 68%，其他站增大 24%～226%。

2023 年哈尔滨站断面主槽局部有冲有淤，其他位置无明显变化。

2023 年主要泥沙事件为松花江发生流域性洪水。

（二）辽河

2023 年辽河流域主要水文控制站实测径流量与多年平均值比较，东辽河王奔、柳河新民、辽河干流铁岭和六间房各站偏大 17%～91%，其他站偏小 9%～97%；与近 10 年平均值比较，浑河邢家窝棚站基本持平，老哈河兴隆坡、西拉木伦河巴林桥和太子河唐马寨各站偏小 9%～69%，其他站偏大 12%～62%；与上年度比较，各站减小

10%~75%。

2023 年辽河流域主要水文控制站实测输沙量与多年平均值比较，王奔站偏大 9%，六间房站基本持平，其他站偏小 30%~100%；与近 10 年平均值比较，王奔、新民、铁岭和六间房各站偏大 41%~146%，其他站偏小 23%~74%；与上年度比较，新民站增大 9%，其他站减小 13%~91%。

2023 年六间房站断面局部位置略有冲刷下切，其他位置无明显变化。

二、径流量与输沙量

（一）松花江

1. 2023 年实测水沙特征值

2023 年松花江流域主要水文控制站实测水沙特征值与多年平均值、近 10 年平均值及 2022 年值的比较见表 6-1 和图 6-1。

2023 年实测径流量与多年平均值比较，嫩江大赉、松花江干流哈尔滨和牡丹江牡丹江各站分别偏大 8%、13% 和 66%，嫩江江桥站和第二松花江扶余站基本持平，呼兰河秦家站偏小 16%；与近 10 年平均值比较，牡丹江站偏大 36%，扶余站和哈尔滨站基本持平，江桥、大赉和秦家各站分别偏小 18%、9% 和 25%；与上年度比较，秦家站和牡丹江站分别增大 48% 和 24%，江桥站和大赉站基本持平，扶余站和哈尔滨站分别减小 29% 和 6%。

2023 年实测输沙量与多年平均值比较，江桥、大赉和牡丹江各站分别偏大 215%、78% 和 419%，扶余、哈尔滨和秦家各站分别偏小 77%、22% 和 63%；与近 10 年平均值比较，江桥、哈尔滨和牡丹江各站分别偏大 70%、14% 和 198%，大赉站基本持平，秦家站和扶余站分别偏小 61% 和 42%；与上年度比较，江桥、大赉、哈尔滨、秦家和牡丹江各站分别增大 123%、68%、24%、27% 和 226%，扶余站减小 68%。

2. 径流量与输沙量年内变化

2023 年松花江流域主要水文控制站逐月径流量与输沙量变化见图 6-2。2023 年松花江流域江桥、大赉、哈尔滨、秦家和牡丹江各站的径流量、输沙量主要集中在 7—10 月，分别占全年的 67%~89% 和 87%~98%；扶余站径流量和输沙量主要集中在 5—8 月，分别占全年的 52% 和 74%。

3. 洪水泥沙

2023 年松花江流域 8 月 1—25 日发生 1 次编号洪水，哈尔滨站最大洪峰流量和最大含沙量分别为 6720 立方米 / 秒和 0.314 千克 / 立方米。松花江流域洪水泥沙特征值见表 6-2。

表 6-1 松花江流域主要水文控制站实测水沙特征值对比

河 流		嫩江	嫩江	第二松花江	松花江干流	呼兰河	牡丹江
水文控制站		江桥	大赉	扶余	哈尔滨	秦家	牡丹江
控制流域面积（万平方公里）		16.26	22.17	7.18	38.98	0.98	2.22
年径流量 （亿立方米）	多年平均	205.5 (1955—2020年)	207.5 (1955—2020年)	148.7 (1955—2020年)	407.4 (1955—2020年)	22.01 (2005—2020年)	50.80 (2005—2020年)
	近10年平均	239.8	245.2	155.7	450.4	24.71	61.71
	2022年	200.7	222.6	210.9	491.2	12.49	67.72
	2023年	196.3	223.2	149.1	461.2	18.53	84.23
年输沙量 （万吨）	多年平均	219 (1955—2020年)	176 (1955—2020年)	189 (1955—2020年)	570 (1955—2020年)	17.0 (2005—2020年)	105 (2005—2020年)
	近10年平均	405	312	74.3	391	16.1	183
	2022年	309	187	134	359	4.89	167
	2023年	689	314	43.4	446	6.21	545
年平均含沙量 （千克/立方米）	多年平均	0.107 (1955—2020年)	0.085 (1955—2020年)	0.127 (1955—2020年)	0.140 (1955—2020年)	0.077 (2005—2020年)	0.207 (2005—2020年)
	2022年	0.154	0.084	0.064	0.073	0.039	0.247
	2023年	0.351	0.141	0.029	0.097	0.034	0.647
输沙模数 [吨/(年·平方公里)]	多年平均	13.5 (1955—2020年)	7.94 (1955—2020年)	26.3 (1955—2020年)	14.6 (1955—2020年)	17.3 (2005—2020年)	47.3 (2005—2020年)
	2022年	19.0	8.43	18.7	9.21	4.99	75.2
	2023年	42.4	14.2	6.04	11.4	6.34	245

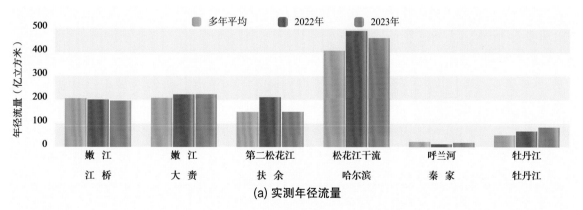

(a) 实测年径流量

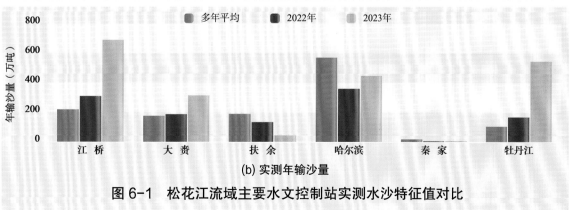

(b) 实测年输沙量

图 6-1 松花江流域主要水文控制站实测水沙特征值对比

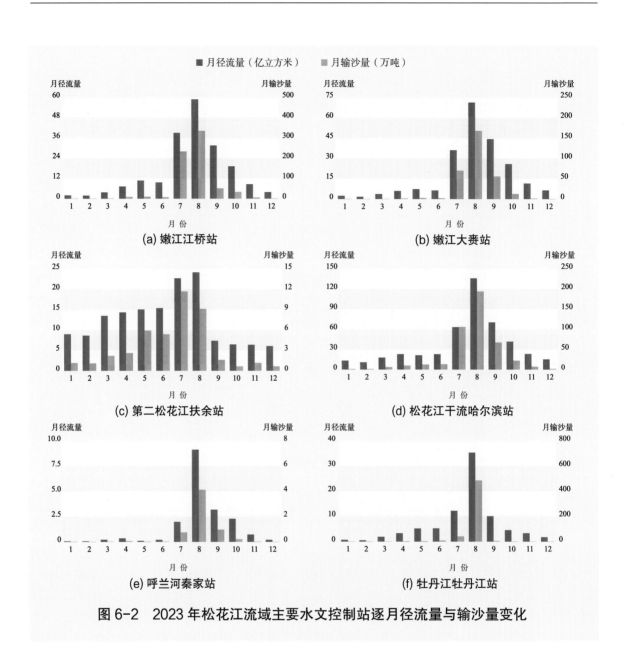

图 6-2 2023 年松花江流域主要水文控制站逐月径流量与输沙量变化

表 6-2 2023 年松花江流域洪水泥沙特征值

河流	洪水编号	水文站	洪水起止时间（月.日）	洪水径流量（亿立方米）	洪水输沙量（万吨）	洪峰流量		最大含沙量	
						流量（立方米/秒）	发生时间（月.日 时:分）	含沙量（千克/立方米）	发生时间（月.日 时:分）
松花江	1	哈尔滨	8.1—8.25	114.3	171	6720	8.13 11:08	0.314	8.9 8:00

（二）辽河

1. 2023 年实测水沙特征值

2023 年辽河流域主要水文控制站实测水沙特征值与多年平均值、近 10 年平均值及 2022 年值的比较见表 6-3 和图 6-3。

2023 年实测径流量与多年平均值比较，东辽河王奔、柳河新民、辽河干流铁岭和六间房各站分别偏大 91%、17%、32% 和 71%，老哈河兴隆坡、西拉木伦河巴林桥、太子河唐马寨和浑河邢家窝棚各站分别偏小 97%、22%、17% 和 9%；与近 10 年平均值比较，王奔、新民、铁岭和六间房各站分别偏大 12%、62%、26% 和 35%，邢家窝棚站基本持平，兴隆坡、唐马寨和巴林桥各站分别偏小 69%、10% 和 9%；与上年度

表 6-3 辽河流域主要水文控制站实测水沙特征值对比

河　　流	老哈河	西拉木伦河	东辽河	柳　河	太子河	浑　河	辽河干流	辽河干流
水文控制站	兴隆坡	巴林桥	王　奔	新　民	唐马寨	邢家窝棚	铁　岭	六间房
控制流域面积（万平方公里）	1.91	1.12	1.04	0.56	1.12	1.11	12.08	13.65
年径流量（亿立方米） 多年平均	4.306 (1963—2020年)	3.141 (1994—2020年)	5.501 (1989—2020年)	1.988 (1965—2020年)	24.23 (1963—2020年)	19.31 (1955—2020年)	28.62 (1954—2020年)	28.27 (1987—2020年)
年径流量（亿立方米） 近10年平均	0.4560	2.701	9.388	1.436	22.42	17.93	30.18	35.84
年径流量（亿立方米） 2022年	0.5700	2.727	24.68	3.799	44.37	36.64	91.43	116.3
年径流量（亿立方米） 2023年	0.1400	2.460	10.53	2.332	20.14	17.66	37.90	48.41
年输沙量（万吨） 多年平均	1150 (1963—2020年)	388 (1994—2020年)	41.7 (1989—2020年)	331 (1965—2020年)	94.7 (1963—2020年)	72.7 (1955—2020年)	992 (1954—2020年)	337 (1987—2020年)
年输沙量（万吨） 近10年平均	7.40	185	32.3	94.6	22.5	25.8	121	189
年输沙量（万吨） 2022年	22.2	164	121	214	58.6	101	295	642
年输沙量（万吨） 2023年	1.91	142	45.5	233	11.2	10.3	225	348
年平均含沙量（千克/立方米） 多年平均	26.7 (1963—2020年)	12.4 (1994—2020年)	0.758 (1989—2020年)	16.6 (1965—2020年)	0.391 (1963—2020年)	0.376 (1955—2020年)	3.47 (1954—2020年)	1.19 (1987—2020年)
年平均含沙量（千克/立方米） 2022年	3.89	6.01	0.490	5.63	0.132	0.276	0.323	0.552
年平均含沙量（千克/立方米） 2023年	1.35	5.75	0.431	10.0	0.056	0.058	0.594	0.714
年平均中数粒径（毫米） 多年平均	0.023 (1982—2020年)	0.022 (1994—2020年)			0.036 (1963—2020年)	0.044 (1955—2020年)	0.029 (1962—2020年)	
年平均中数粒径（毫米） 2022年	0.007	0.007			0.085	0.052	0.054	
年平均中数粒径（毫米） 2023年	0.010	0.010			0.039	0.056	0.039	
输沙模数［吨/(年·平方公里)］ 多年平均	602 (1963—2020年)	346 (1994—2020年)	40.1 (1989—2020年)	591 (1965—2020年)	84.6 (1963—2020年)	65.5 (1955—2020年)	82.1 (1954—2020年)	24.7 (1987—2020年)
输沙模数［吨/(年·平方公里)］ 2022年	11.6	146	116	382	52.3	91.0	24.4	47.0
输沙模数［吨/(年·平方公里)］ 2023年	1.00	127	43.8	416	10.0	9.28	18.6	25.5

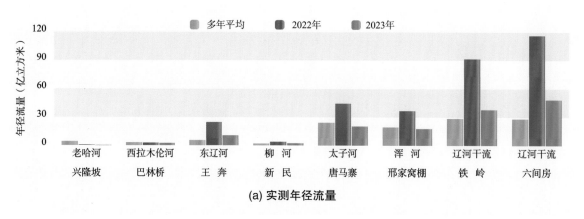

(a) 实测年径流量

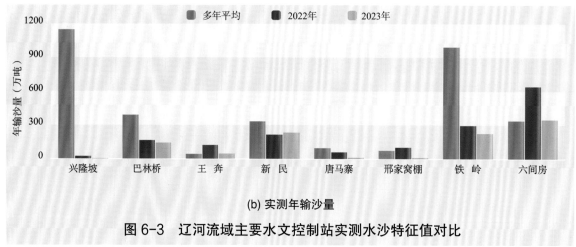

(b) 实测年输沙量

图 6-3　辽河流域主要水文控制站实测水沙特征值对比

比较，兴隆坡、巴林桥、王奔、新民、唐马寨、邢家窝棚、铁岭和六间房各站分别减小 75%、10%、57%、39%、55%、52%、59% 和 58%。

2023 年实测输沙量与多年平均值比较，王奔站偏大 9%，六间房站基本持平，兴隆坡、巴林桥、新民、唐马寨、邢家窝棚和铁岭各站分别偏小近 100%、63%、30%、88%、86% 和 77%；与近 10 年平均值比较，王奔、新民、铁岭和六间房各站分别偏大 41%、146%、86% 和 84%，兴隆坡、巴林桥、唐马寨和邢家窝棚各站分别偏小 74%、23%、50% 和 60%；与上年度比较，新民站增大 9%，兴隆坡、巴林桥、王奔、唐马寨、邢家窝棚、铁岭和六间房各站分别减小 91%、13%、62%、81%、90%、24% 和 46%。

2. 径流量与输沙量年内变化

2023 年辽河流域主要水文控制站逐月径流量与输沙量变化见图 6-4。2023 年辽河流域巴林桥、王奔、新民、邢家窝棚、铁岭和六间房各站径流量和输沙量主要集中在 7—9 月，分别占全年的 36%~72% 和 66%~96%；唐马寨站径流量和输沙量集中在 5—9 月，分别占全年的 67% 和 96%。

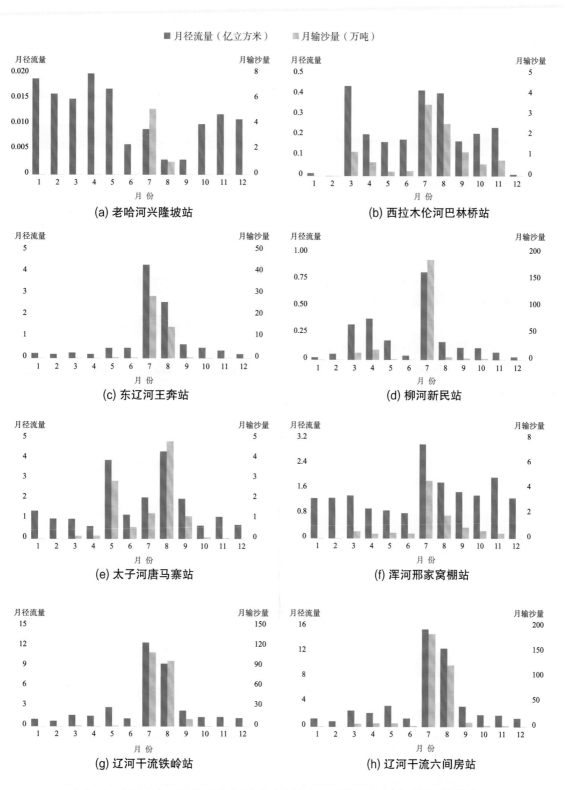

图 6-4 2023 年辽河流域主要水文控制站逐月径流量与输沙量变化

三、典型断面冲淤变化

（一）松花江干流哈尔滨水文站断面

哈尔滨水文站断面冲淤变化见图6-5。自1955年以来，哈尔滨水文站断面形态总体比较稳定，2008年主槽起点距90～290米范围有淤积，375～525米范围有冲刷下切。与上年度相比，2023年哈尔滨站断面主槽起点距430～640米范围有淤积，650～820米范围有冲刷下切，其他位置无明显冲淤变化。

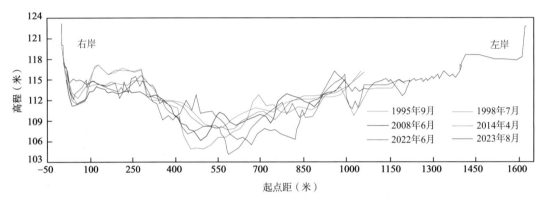

图6-5　松花江干流哈尔滨水文站断面冲淤变化

（二）辽河干流六间房水文站断面

六间房水文站断面冲淤变化见图6-6。自2003年以来，六间房水文站断面形态总体比较稳定，滩地冲淤变化不明显；河槽有冲有淤，深泓略有变化。与上年度相比，2023年六间房站断面起点距400～860米、940～1030米范围有冲刷下切，1290～1430米范围略有淤积，其他位置无明显冲淤变化。

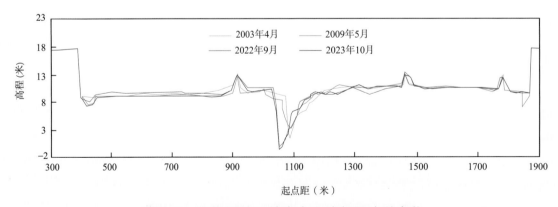

图6-6　辽河干流六间房水文站断面冲淤变化

四、重要泥沙事件

松花江发生流域性洪水

受台风"杜苏芮"影响，2023年松花江干流发生1次编号洪水，松花江流域52条河流发生超警戒以上洪水，其中17条发生超保证以上洪水。拉林河、蚂蚁河发生特大洪水，为有实测资料以来最大洪水，其中拉林河干流蔡家沟站2023年实测径流量为55.88亿立方米，实测输沙量为70.1万吨；牡丹江发生大洪水，牡丹江站2023年实测径流量为84.23亿立方米，实测输沙量为545万吨，排历史第2位。

新安江与兰江汇合口（崔元　摄）

第七章　东南河流

一、概述

以钱塘江和闽江作为东南河流的代表性河流。

（一）钱塘江

2023 年钱塘江流域主要水文控制站实测径流量与多年平均值比较，各站偏小 24%～60%；与近 10 年平均值比较，各站偏小 31%～57%；与上年度比较，各站减小 33%～48%。

2023 年钱塘江流域主要水文控制站实测输沙量与多年平均值比较，各站偏小 74%～89%；与近 10 年平均值比较，各站偏小 60%～85%；与上年度比较，各站减小 33%～75%。

2023 年度兰江兰溪站水文站断面无明显冲淤变化。

（二）闽江

2023 年闽江流域主要水文控制站实测径流量与多年平均值比较，各站偏小 14%～32%；与近 10 年平均值比较，各站偏小 19%～25%；与上年度比较，各站减小 13%～32%。

2023 年闽江流域主要水文控制站实测输沙量与多年平均值比较，各站偏小 30%～91%；与近 10 年平均值比较，大樟溪永泰（清水壑）站偏大 28%，其他站偏小 52%～88%；与上年度比较，永泰（清水壑）站增大 289%，其他站减小 36%～94%。

2023 年闽江竹岐水文站断面无明显冲淤变化。

二、径流量与输沙量

（一）钱塘江

1. 2023 年实测水沙特征值

2023 年钱塘江流域主要水文控制站实测水沙特征值与多年平均值、近 10 年平均值及 2022 年值的比较见表 7-1 和图 7-1。

表 7-1 钱塘江流域主要水文控制站实测水沙特征值对比

河 流		衢 江	兰 江	曹娥江	浦阳江
水文控制站		衢 州	兰 溪	上虞东山	诸 暨
控制流域面积（万平方公里）		0.54	1.82	0.44	0.17
年径流量（亿立方米）	多年平均	62.91 (1958—2020 年)	172.0 (1977—2020 年)	34.38 (2012—2020 年)	11.91 (1956—2020 年)
	近 10 年平均	69.26	193.5	31.93	12.14
	2022 年	71.36	188.2	26.64	9.811
	2023 年	47.93	117.0	13.83	5.254
年输沙量（万吨）	多年平均	101 (1958—2020 年)	227 (1977—2020 年)	32.1 (2012—2020 年)	16.0 (1956—2020 年)
	近 10 年平均	75.5	267	23.4	7.16
	2022 年	104	179	11.6	4.27
	2023 年	26.1	56.5	3.48	2.86
年平均含沙量（千克/立方米）	多年平均	0.161 (1958—2020 年)	0.132 (1977—2020 年)	0.093 (2012—2020 年)	0.134 (1956—2020 年)
	2022 年	0.146	0.095	0.044	0.044
	2023 年	0.054	0.048	0.025	0.054
输沙模数[吨/(年·平方公里)]	多年平均	187 (1958—2020 年)	125 (1977—2020 年)	73.0 (2012—2020 年)	94.1 (1956—2020 年)
	2022 年	192	98.2	26.5	24.8
	2023 年	48.1	31.0	7.96	16.6

注 上虞东山站上游钦寸水库跨流域引水量、汤浦水库管网引水量和曹娥江引水工程引水量未参加径流量计算。

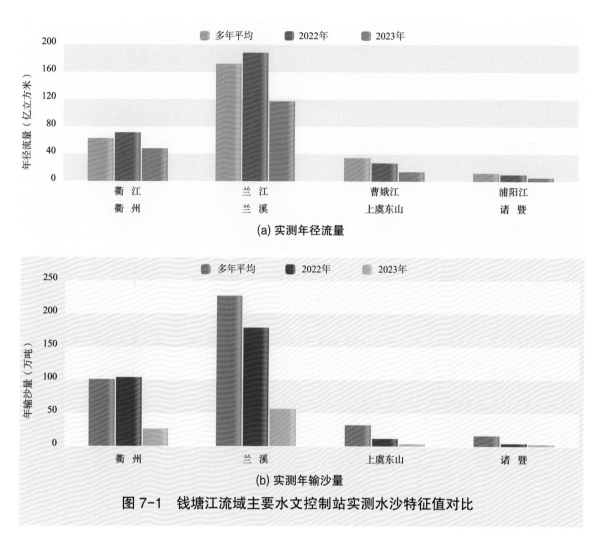

(a) 实测年径流量

(b) 实测年输沙量

图 7-1　钱塘江流域主要水文控制站实测水沙特征值对比

　　2023 年实测径流量与多年平均值比较，衢江衢州、兰江兰溪、曹娥江上虞东山和浦阳江诸暨各站分别偏小 24%、32%、60% 和 56%；与近 10 年平均值比较，上述各站分别偏小 31%、40%、57% 和 57%；与上年度比较，上述各站分别减小 33%、38%、48% 和 46%。

　　2023 年实测输沙量与多年平均值比较，衢州、兰溪、上虞东山和诸暨各站分别偏小 74%、75%、89% 和 82%；与近 10 年平均值比较，上述各站分别偏小 65%、79%、85% 和 60%；与上年度比较，上述各站分别减小 75%、68%、70% 和 33%。

2. 径流量与输沙量年内变化

　　2023 年钱塘江流域主要水文控制站逐月径流量与输沙量变化见图 7-2。2023 年各站径流量和输沙量主要集中在 4—9 月，分别占全年的 67%～73% 和 82%～95%。其中，除上虞东山站最大月径流量和月输沙量出现时间在 7 月外，其他站均出现在 6 月，各站最大月径流量和月输沙量分别占全年的 18%～24% 和 28%～70%。

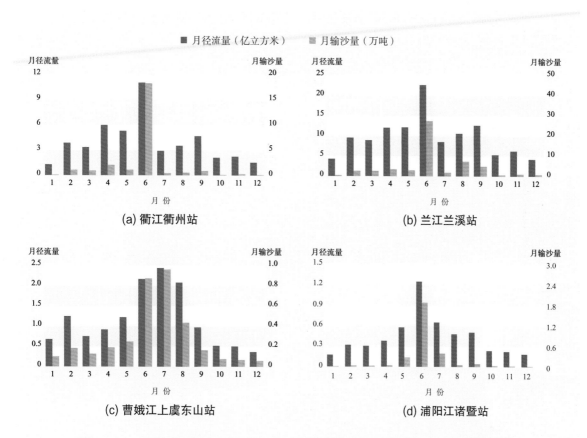

■ 月径流量（亿立方米）　■ 月输沙量（万吨）

(a) 衢江衢州站

(b) 兰江兰溪站

(c) 曹娥江上虞东山站

(d) 浦阳江诸暨站

图 7-2　2023 年钱塘江流域主要水文控制站逐月径流量与输沙量变化

（二）闽江

1. 2023 年实测水沙特征值

2023 年闽江主要水文控制站实测水沙特征值与多年平均值、近 10 年平均值及 2022 年值的比较见表 7-2 和图 7-3。

2023 年实测径流量与多年平均值比较，干流竹岐、建溪七里街、富屯溪洋口、沙溪沙县（石桥）和大樟溪永泰（清水壑）各站分别偏小 20%、18%、14%、28% 和 32%；与近 10 年平均值比较，上述各站分别偏小 21%、22%、20%、25% 和 19%；与上年度比较，上述各站分别减小 24%、32%、13%、27% 和 16%。

2023 年实测输沙量与多年平均值比较，竹岐、七里街、洋口、沙县（石桥）和永泰（清水壑）各站分别偏小 91%、48%、30%、86% 和 41%；与近 10 年平均值比较，永泰（清水壑）站偏大 28%，竹岐、七里街、洋口和沙县（石桥）各站分别偏小 77%、55%、52% 和 88%；与上年度比较，永泰（清水壑）站增大 289%，竹岐、七里街、洋口和沙县（石桥）各站分别减小 85%、75%、36% 和 94%。

表 7-2 闽江流域主要水文控制站实测水沙特征值对比

河流		闽江	建溪	富屯溪	沙溪	大樟溪
水文控制站		竹岐	七里街	洋口	沙县（石桥）	永泰（清水漈）
控制流域面积（万平方公里）		5.45	1.48	1.27	0.99	0.40
年径流量（亿立方米）	多年平均	539.7 (1950—2020年)	156.8 (1953—2020年)	139.7 (1952—2020年)	93.24 (1952—2020年)	36.35 (1952—2020年)
	近10年平均	550.1	165.7	150.1	89.80	30.40
	2022年	570.2	190.5	138.4	92.39	29.28
	2023年	432.3	128.7	120.8	67.17	24.66
年输沙量（万吨）	多年平均	525 (1950—2020年)	150 (1953—2020年)	136 (1952—2020年)	109 (1952—2020年)	50.9 (1952—2020年)
	近10年平均	196	176	201	126	23.2
	2022年	299	315	150	266	7.67
	20223年	45.5	78.6	95.6	15.2	29.8
年平均含沙量（千克/立方米）	多年平均	0.097 (1950—2020年)	0.095 (1953—2020年)	0.093 (1952—2020年)	0.114 (1952—2020年)	0.138 (1952—2020年)
	2022年	0.052	0.165	0.108	0.288	0.026
	2023年	0.011	0.061	0.079	0.023	0.121
输沙模数[吨/(年·平方公里)]	多年平均	96.3 (1950—2020年)	102 (1953—2020年)	107 (1952—2020年)	110 (1952—2020年)	126 (1952—2020年)
	2022年	54.9	213	118	268	19.0
	2023年	8.35	53.2	75.5	15.3	73.9

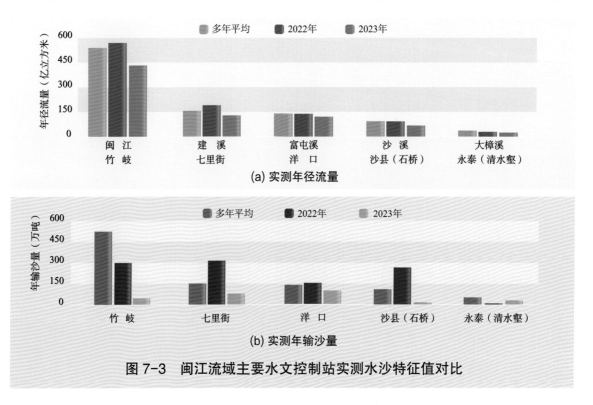

(a) 实测年径流量

(b) 实测年输沙量

图 7-3 闽江流域主要水文控制站实测水沙特征值对比

2. 径流量与输沙量年内变化

2023 年闽江流域主要水文控制站逐月径流量与输沙量变化见图 7-4。2023 年竹岐、七里街、洋口和沙县（石桥）各站径流量与输沙量主要集中在主汛期 4—6 月，分别占全年的 38%～48% 和 51%～85%；永泰（清水壑）站径流量与输沙量主要集中在 7—9 月，分别占全年的 54% 和 99%。各站最大月径流量与输沙量分别占全年的 13%～29% 和 20%～82%。

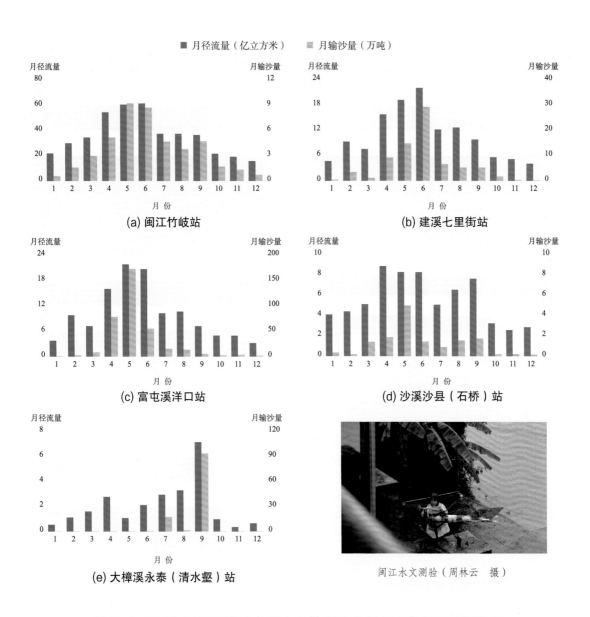

图 7-4　2023 年闽江流域主要水文控制站逐月径流量与输沙量变化

三、典型断面冲淤变化

（一）兰江兰溪水文站断面

兰溪水文站断面冲淤变化见图7-5。与上年度相比，2023年兰江兰溪水文站断面无明显变化，断面起点距50～70米、180～200米、220～250米范围略有淤积。

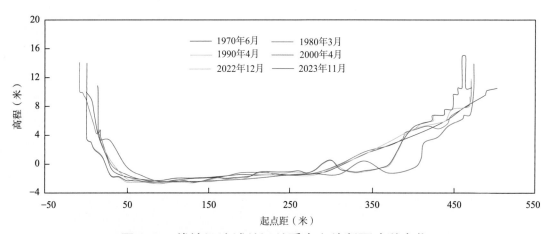

图 7-5　钱塘江流域兰江兰溪水文站断面冲淤变化

（二）闽江干流竹岐水文站断面

竹岐水文站断面冲淤变化见图7-6。与上年度相比，2023年闽江干流竹岐水文站断面无明显冲淤变化。

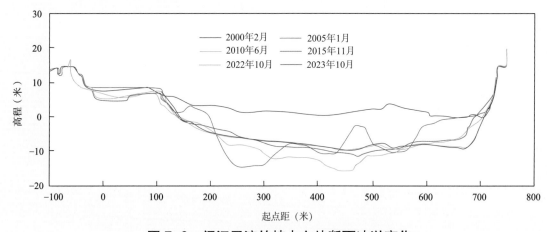

图 7-6　闽江干流竹岐水文站断面冲淤变化

塔里木河中游河段（张沛　摄）

第八章　内陆河流

一、概述

以塔里木河、黑河、疏勒河和青海湖区部分河流作为内陆河流的代表性河流。

（一）塔里木河

2023 年塔里木河流域主要水文控制站实测径流量与多年平均值比较，开都河焉耆站基本持平，其他站偏大 11%~29%；与近 10 年平均值比较，阿克苏河西大桥（新大河）站和叶尔羌河卡群站均偏大 8%，塔里木河干流阿拉尔站基本持平，焉耆站和玉龙喀什河同古孜洛克站分别偏小 10% 和 6%；与上年度比较，焉耆站基本持平，其他站减小 13%~47%。

2023 年塔里木河流域主要水文控制站实测输沙量与多年平均值比较，阿拉尔站偏大 10%，西大桥（新大河）站基本持平，其他站偏小 17%~94%；与近 10 年平均值比较，阿拉尔站偏大 37%，西大桥（新大河）站和焉耆站基本持平，卡群站和同古孜洛克站分别偏小 92% 和 32%；与上年度比较，焉耆站增大 26%，其他站减小 55%~81%。

（二）黑河

2023 年黑河干流主要水文控制站实测径流量与多年平均值比较，莺落峡站和正义峡站分别偏小 19% 和 22%；与近 10 年平均值比较，两站分别偏小 32% 和 37%；与上年度比较，两站分别减小 28% 和 40%。

2023 年黑河干流主要水文控制站实测输沙量与多年平均值比较，莺落峡站和正义峡站分别偏小 54% 和 82%；与近 10 年平均值比较，两站分别偏小 8% 和 74%；与上年度比较，两站分别减小 46% 和 73%。

（三）疏勒河

2023 年疏勒河流域主要水文控制站实测径流量与多年平均值比较，昌马河昌马堡站和党河党城湾站分别偏大 14% 和 6%；与近 10 年平均值比较，两站分别偏小 19% 和 7%；与上年度比较，两站分别减小 21% 和 16%。

2023 年疏勒河流域主要水文控制站实测输沙量与多年平均值比较，昌马堡站基本持平，党城湾站偏小 55%；与近 10 年平均值比较，两站分别偏小 29% 和 43%；与上年度比较，两站分别减小 49% 和 69%。

（四）青海湖区

2023 年青海湖区主要水文控制站实测径流量与多年平均值比较，布哈河布哈河口站偏大 14%，依克乌兰河刚察站基本持平；与近 10 年平均值比较，两站分别偏小 32% 和 20%；与上年度比较，布哈河口站减小 13%，刚察站基本持平。

2023 年青海湖区主要水文控制站实测输沙量与多年平均值比较，布哈河口站和刚察站分别偏大 30% 和 271%；与近 10 年平均值比较，布哈河口站偏小 18%，刚察站偏大 127%；与上年度比较，布哈河口站减小 20%，刚察站增大 15%。

二、径流量与输沙量

（一）塔里木河

1. 2023 年实测水沙特征值

2023 年塔里木河流域主要水文控制站实测水沙特征值与多年平均值、近 10 年平均值及 2022 年值的比较见表 8-1 及图 8-1。

2023 年实测径流量与多年平均值比较，开都河焉耆站基本持平，阿克苏河西大桥（新大河）、叶尔羌河卡群、玉龙喀什河同古孜洛克和塔里木河干流阿拉各站分别偏大 29%、15%、12% 和 11%；与近 10 年平均值比较，阿拉尔站基本持平，西大桥（新大河）站和卡群站均偏大 8%，焉耆站和同古孜洛克站分别偏小 10% 和 6%；与上年度比较，焉耆站基本持平，阿拉尔、西大桥（新大河）、同古孜洛克和卡群各站分别减小 47%、36%、34% 和 13%。

2023 年实测输沙量与多年平均值比较，阿拉尔站偏大 10%，西大桥（新大河）站基本持平，焉耆、卡群和同古孜洛克各站分别偏小 87%、94% 和 17%；与近 10 年平均值比较，阿拉尔站偏大 37%，西大桥（新大河）站和焉耆站基本持平，卡群站和同古孜洛克站分别偏小 92% 和 32%；与上年度比较，焉耆站增大 26%，西大桥（新大河）、卡群、同古孜洛克和阿拉尔各站分别减小 58%、81%、64% 和 55%。

表 8-1　塔里木河流域主要水文控制站实测水沙特征值对比

河　流		开都河	阿克苏河	叶尔羌河	玉龙喀什河	塔里木河干流
水文控制站		焉　耆	西 大 桥（新大河）	卡　群	同古孜洛克	阿拉尔
控制流域面积（万平方公里）		2.25	4.31	5.02	1.46	
年径流量（亿立方米）	多年平均	26.30（1956—2020年）	38.10（1958—2020年）	67.46（1956—2020年）	22.99（1964—2020年）	46.46（1958—2020年）
	近10年平均	29.15	45.79	72.07	27.14	52.16
	2022年	27.36	77.52	89.62	38.77	96.98
	2023年	26.60	49.25	77.85	25.76	51.70
年输沙量（万吨）	多年平均	63.2（1956—2020年）	1710（1958—2020年）	3070（1956—2020年）	1230（1964—2020年）	1990（1958—2020年）
	近10年平均	7.95	1670	2150	1490	1590
	2022年	6.50	4050	907	2810	4900
	2023年	8.20	1710	175	1020	2190
年平均含沙量（千克/立方米）	多年平均	0.230（1956—2020年）	4.30（1958—2020年）	4.35（1956—2020年）	5.06（1964—2020年）	4.23（1958—2020年）
	2022年	0.024	5.24	1.01	7.24	5.06
	2023年	0.031	3.47	0.225	3.95	4.24
输沙模数[吨/（年·平方公里）]	多年平均			610（1956—2020年）	844（1964—2020年）	
	2022年			181	1930	
	2023年			34.9	699	

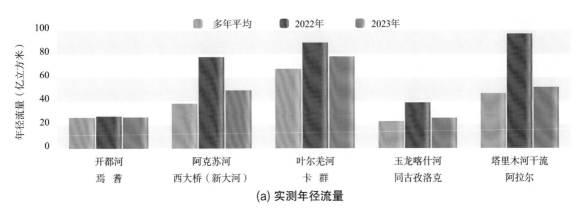

(a) 实测年径流量

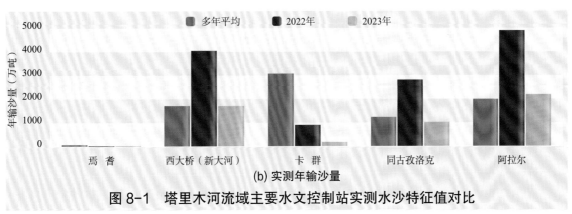

(b) 实测年输沙量

图 8-1　塔里木河流域主要水文控制站实测水沙特征值对比

2. 径流量与输沙量年内变化

2023 年塔里木河流域主要水文控制站逐月径流量与输沙量变化见图 8-2。2023 年塔里木河流域焉耆站径流量和输沙量主要集中在 5—9 月，分别占全年的 60% 和 100%；其他站径流量和输沙量主要集中在 6—9 月，分别占全年的 63%~87% 和 88%~99%。

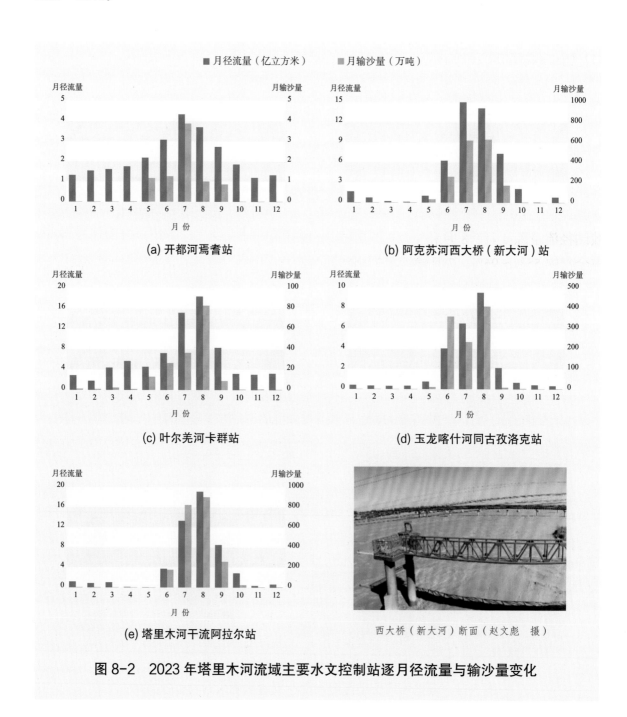

图 8-2　2023 年塔里木河流域主要水文控制站逐月径流量与输沙量变化

（二）黑河

1. 2023 年实测水沙特征值

2023 年黑河干流主要水文站实测水沙特征值与多年平均值、近 10 年平均值及 2022 年值的比较见表 8-2 和图 8-3。

2023 年实测径流量与多年平均值比较，黑河干流莺落峡站和正义峡站分别偏小 19% 和 22%；与近 10 年平均值比较，莺落峡站和正义峡站分别偏小 32% 和 37%；与上年度比较，莺落峡站和正义峡站分别减小 28% 和 40%。

2023 年实测输沙量与多年平均值比较，莺落峡站和正义峡站分别偏小 54% 和 82%；与近 10 年平均值比较，莺落峡站和正义峡站分别偏小 8% 和 74%；与上年度比较，莺落峡站和正义峡站分别减小 46% 和 73%。

2. 径流量与输沙量年内变化

2023 年黑河干流主要水文控制站逐月径流量与输沙量变化见图 8-4。2023 年黑河干流莺落峡站径流量和输沙量主要集中在 5—10 月，分别占全年的 77% 和 99%；正义峡站径流量除 6 月、8 月和 11 月占全年的比例较低外，其他月份分布较均匀，径流量占全年的 55%~96%，7 月输沙量占全年的 71%。

（三）疏勒河

1. 2023 年实测水沙特征值

2023 年疏勒河流域主要水文控制站实测水沙特征值与多年平均值、近 10 年平均值及 2022 年值的比较见表 8-3 和图 8-5。

2023 年实测径流量与多年平均值比较，昌马河昌马堡站和党河党城湾站分别偏大 14% 和 6%；与近 10 年平均值比较，昌马堡站和党城湾站分别偏小 19% 和 7%；与上年度比较，昌马堡站和党城湾站分别减小 21% 和 16%。

2023 年实测输沙量与多年平均值比较，昌马堡站基本持平，党城湾站偏小 55%；与近 10 年平均值比较，昌马堡站和党城湾站分别偏小 29% 和 43%；与上年度比较，昌马堡站和党城湾站分别减小 49% 和 69%。

2. 径流量与输沙量年内变化

2023 年疏勒河流域主要水文控制站逐月径流量与输沙量变化见图 8-6。2023 年疏勒河流域昌马堡站和党城湾站径流量和输沙量主要集中在 4—9 月，径流量分别占全年的 78% 和 61%，输沙量分别占全年的 100% 和 86%。

表 8-2   黑河干流主要水文控制站实测水沙特征值对比

河 流		黑 河	黑 河
水文控制站		莺落峡	正义峡
控制流域面积（万平方公里）		1.00	3.56
年径流量 （亿立方米）	多年平均	16.67 （1950—2020 年）	10.57 （1963—2020 年）
	近 10 年平均	19.90	13.10
	2022 年	18.70	13.67
	2023 年	13.48	8.218
年输沙量 （万吨）	多年平均	193 （1955—2020 年）	138 （1963—2020 年）
	近 10 年平均	97.2	93.4
	2022 年	165	91.5
	2023 年	89.0	24.6
年平均含沙量 （千克／立方米）	多年平均	1.15 （1955—2020 年）	1.31 （1963—2020 年）
	2022 年	0.882	0.670
	2023 年	0.660	0.299
输沙模数 [吨／（年·平方公里）]	多年平均	193 （1955—2020 年）	38.7 （1963—2020 年）
	2022 年	165	25.7
	2023 年	89.0	6.91

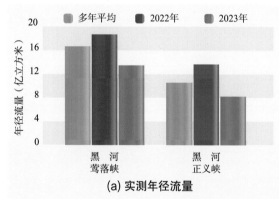

(a) 实测年径流量

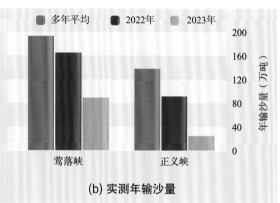

(b) 实测年输沙量

图 8-3   黑河干流主要水文控制站实测水沙特征值对比

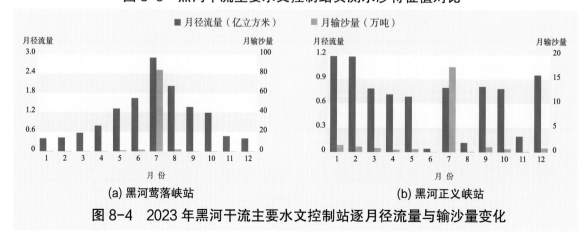

(a) 黑河莺落峡站   (b) 黑河正义峡站

图 8-4   2023 年黑河干流主要水文控制站逐月径流量与输沙量变化

表 8-3　疏勒河流域主要水文控制站实测水沙特征值对比

河　流		昌马河	党　河
水文控制站		昌马堡	党城湾
控制流域面积（万平方公里）		1.10	1.43
年径流量（亿立方米）	多年平均	10.29（1956—2020年）	3.734（1972—2020年）
	近10年平均	14.53	4.258
	2022年	14.89	4.692
	2023年	11.77	3.940
年输沙量（万吨）	多年平均	348（1956—2020年）	73.0（1972—2020年）
	近10年平均	494	57.6
	2022年	692	106
	2023年	350	32.8
年平均含沙量（千克/立方米）	多年平均	3.38（1956—2020年）	1.96（1972—2020年）
	2022年	4.65	2.26
	2023年	2.97	0.832
输沙模数 [吨/（年·平方公里）]	多年平均	316（1956—2020年）	51.0（1972—2020年）
	2022年	629	74.1
	2023年	318	22.9

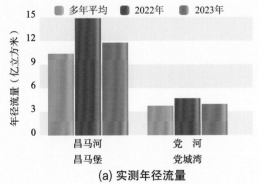 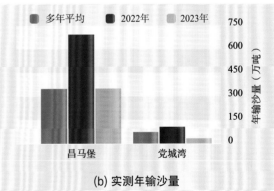

(a) 实测年径流量　　(b) 实测年输沙量

图 8-5　疏勒河流域主要水文控制站实测水沙特征值对比

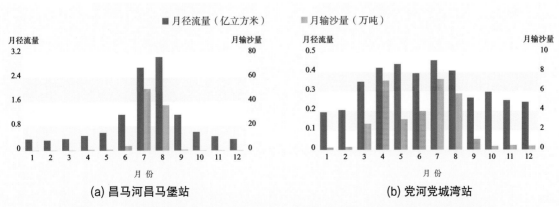

(a) 昌马河昌马堡站　　(b) 党河党城湾站

图 8-6　2023年疏勒河流域主要水文控制站逐月径流量与输沙量变化

（四）青海湖区

1. 2023 年实测水沙特征值

2023 年青海湖区主要水文控制站实测水沙特征值与多年平均值、近 10 年平均值及 2022 年值的比较见表 8-4 及图 8-7。

2023 年实测径流量与多年平均值比较，布哈河布哈河口站偏大 14%，依克乌兰河刚察站基本持平；与近 10 年平均值比较，布哈河口站和刚察站分别偏小 32% 和 20%；与上年度比较，布哈河口站减小 13%，刚察站基本持平。

2023 年实测输沙量与多年平均值比较，分别偏大 30% 和 271%；与近 10 年平均值比较，布哈河口站偏小 18%，刚察站偏大 127%；与上年度比较，刚察站增大 15%，布哈河口站减小 20%。

2. 径流量与输沙量年内变化

2023 年青海湖区主要水文控制站逐月径流量与输沙量变化见图 8-8。2023 年青海湖区主要水文站径流量和输沙量主要集中在汛期 6—8 月，布哈河口站分别占全年的 65% 和 95%，刚察站分别占全年的 60% 和 95%。

表 8-4　青海湖区主要水文控制站实测水沙特征值统计

河　　流		布 哈 河	依克乌兰河
水文控制站		布哈河口	刚　　察
控制流域面积（万平方公里）		1.43	0.14
年径流量 （亿立方米）	多年平均	9.344 (1957—2020 年)	2.836 (1959—2020 年)
	近 10 年平均	15.67	3.560
	2022 年	12.32	2.950
	2023 年	10.67	2.856
年输沙量 （万吨）	多年平均	41.5 (1966—2020 年)	8.44 (1968—2020 年)
	近 10 年平均	65.6	13.8
	2022 年	67.0	27.3
	2023 年	53.9	31.3
年平均含沙量 （千克／立方米）	多年平均	0.439 (1966—2020 年)	0.295 (1968—2020 年)
	2022 年	0.542	0.925
	2023 年	0.506	1.12
输沙模数 [吨/（年·平方公里）]	多年平均	28.9 (1966—2020 年)	58.5 (1968—2020 年)
	2022 年	46.7	195
	2023 年	37.7	224

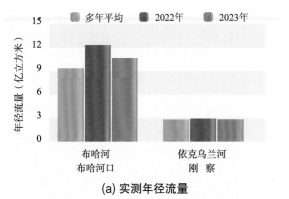
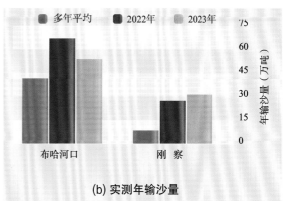

(a) 实测年径流量　　　　　　　　　　(b) 实测年输沙量

图 8-7　青海湖区主要水文控制站实测水沙特征值对比

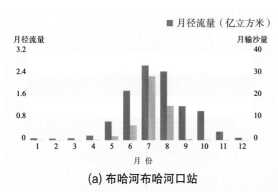
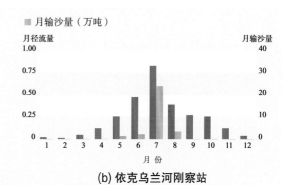

(a) 布哈河布哈河口站　　　　　　　　(b) 依克乌兰河刚察站

图 8-8　2023 年青海湖区主要水文控制站逐月径流量与输沙量变化

3. 洪水泥沙

2023 年布哈河和依克乌兰河均发生了超 20 年一遇的大洪水。布哈河口站和刚察站最大流量出现时间与最大 1 日洪量一致，与最大含沙量出现时间存在错峰情况。青海湖区洪水泥沙特征值见表 8-5。

表 8-5　2023 年青海湖区洪水泥沙特征值

河流	水文站	最大 1 日洪水			洪峰流量		最大含沙量	
		径流量 （亿立方米）	输沙量 （万吨）	发生时间 （月.日）	流量 （立方米/秒）	发生时间 （月.日 时:分）	含沙量 （千克/立方米）	发生时间 （月.日 时:分）
布哈河	布哈河口	0.5184	12.3	7.13	726	7.13 8:00	6.06	7.12 20:00
依克乌兰河	刚察	0.1512	13.1	7.12	427	7.12 9:00	19.4	7.12 8:00